●中等职业学校酒店**服务与管理类**规划教材●

调酒技艺

（第2版）

■龚威威　主编

清華大學出版社
北京

内容简介

越来越多的调酒爱好者、工作者，涉猎于调酒书之中以拓展知识、丰富内涵，针对这样的需求，在积累了多位老师和专家的多年教学和实践经验的基础上本书应运而生。本书着眼于实际应用，内容设计新颖，在知识点的衔接上既巧妙又灵活，力求给读者耳目一新的感觉。本书涵盖了我眼中的酒吧、如何为单饮客人服务、如何调制混合饮品、你距离一名合格的调酒师还有多远等相关内容。本书通过设置由浅至深、由易到难的相关任务，以及相应工作情境、具体工作任务、信息页、知识链接等环节来激发学习者的兴趣，培养动手实操的能力，拓展提升其知识面和创新意识。

本书既可作为中等职业学校相关专业的教学用书，也可作为调酒爱好者的参考书。

图书在版编目(CIP)数据

调酒技艺 / 龚威威 主编. —2版. —北京：清华大学出版社，2019（2024.8重印）
(中等职业学校酒店服务与管理类规划教材)
ISBN 978-7-302-52469-4

Ⅰ. ①调… Ⅱ. ①龚… Ⅲ. ①酒—调制技术—中等专业学校—教材 Ⅳ. ①TS972.19

中国版本图书馆 CIP 数据核字(2019)第 043193 号

责任编辑： 王桑娉 张雪群
封面设计： 赵晋锋
版式设计： 方加青
责任校对： 牛艳敏
责任印制： 宋 林

出版发行： 清华大学出版社
网 址： https://www.tup.com.cn，https://www.wqxuetang.com
地 址： 北京清华大学学研大厦 A 座 **邮 编：** 100084
社 总 机： 010-83470000 **邮 购：** 010-62786544
投稿与读者服务： 010-62776969，c-service@tup.tsinghua.edu.cn
质 量 反 馈： 010-62772015，zhiliang@tup.tsinghua.edu.cn
印 装 者： 三河市君旺印务有限公司
经 销： 全国新华书店
开 本： 185mm×260mm **印 张：** 14 **字 数：** 288 千字
版 次： 2011 年 8 月第 1 版 2019 年 5 月第 2 版 **印 次：** 2024 年 8 月第 5 次印刷
定 价： 59.00 元

产品编号：080467-02

丛书编委会

丛书序

以北京市外事学校为主任校的北京市饭店服务与管理专业委员会，联合了北京和上海两地12所学校，与清华大学出版社强强联手，以教学实践中的第一手材料为素材，在总结校本教材编写经验的基础上，开发了本套《中等职业学校酒店服务与管理类规划教材》。北京市外事学校是国家旅游局旅游职业教育校企合作示范基地，与国内多家酒店有着专业实践和课程开发等多领域、多层次的合作，教材编写中，聘请了酒店业内人士全程跟踪指导。本套教材的第一版于2011年出版，使用过程中得到了众多院校师生和广大社会人士的垂爱，再版之际，一并表示深深的谢意。

中国共产党第二十次全国代表大会报告强调，要"优化职业教育类型定位"，"培养造就大批德才兼备的高素质人才，是国家和民族长远发展大计"。近年来，酒店业的产业规模不断调整和扩大，标准化管理不断完善，随之而来的是对其从业人员的职业素养要求也越来越高。行业发展的需求迫使人才培养的目标和水平必须做到与时俱进，我们在认真分析总结国内外同类教材及兄弟院校使用建议的基础上，对部分专业知识进行了更新，增加了新的专业技能，从教材的广度和深度方面，力求更加契合行业需求。

作为中职领域教学一线的教师，能够静下心来总结教学过程中的经验与得失，某种程度上可称之为"负重的幸福"，是沉淀积累的过程，也是破茧成蝶的过程。浮躁之风越是盛行，越需要有人埋下头来做好基础性的工作。这些工作可能是默默无闻的，是不会给从事者带来直接"效益"的，但是，如果无人去做，或做得不好，所谓的发展与弘扬都会成为空中楼阁。坚守在第一线的教师们能够执着于此、献身于此，是值得被肯定的，这也应是中国职业教育发展的希望所在吧。

本套教材在编写中以能力为本位、以合作学习理论为指导，通过任务驱动来完成单元的学习与体验，适合作为中等职业学校酒店服务与管理专业的教材，也可供相关培训单位选作参考用书，对旅游业和其他服务性行业人员也有一定的参考价值。

这是一个正在急速变化的世界，新技术信息以每2年增加1倍的速度增长，据说《纽约时报》一周的信息量，相当于18世纪的人一生的资讯量。我们深知知识更新的周期越来越短，加之编者自身水平所限，本套教材再版之际仍然难免有不足之处，敬请各位专家、同行、同学和对本专业领域感兴趣的学习者提出宝贵意见。

2022年12月

前 言

酒吧已成为现代人夜生活必不可少的聚集地，同时也吸引着众多的务工者前去谋职。本书正是为这些初学者、爱好者而编写的酒吧服务入门书籍。它既可作为中等职业学校相关专业的教学用书，也可作为调酒爱好者的参考书。

越来越多的调酒爱好者、工作者，涉猎于调酒书之中以拓展知识、丰富内涵，针对这样的需求，在积累了多位老师和专家的多年教学和实践经验的基础上本书应运而生。这是一本内容充实、形式新颖、知识面宽、图文并茂、实用性强的专业书籍，为学习者设置了4个学习单元，分别是：单元一“我眼中的酒吧”、单元二“如何为单饮客人服务”、单元三“如何调制混合饮品”、单元四“你距离一名合格的调酒师还有多远”。在每一个单元当中，又分别设置了由浅至深、由易到难的相关任务；每一个任务下又通过设置工作情境、具体工作任务、信息页、知识链接等环节来激发学习者的兴趣，充实知识内涵，培养动手实操的能力，拓展提升其知识面和创新意识；并通过任务单、任务评价的形式，进一步检测对所学内容的掌握情况。

本书着眼于实际应用，内容设计新颖，在知识点的衔接上既巧妙又灵活，力求给读者耳目一新的感觉。

本书由龚威威担任主编，参与编写的还有刘秋月、潘薇、蔡丽平、张洁和韦薇等。本书在编写过程中，参阅了大量的专著和书籍，在此，对被参考和借鉴的书刊资料的作者表示诚挚的谢意！同时在编写过程中，得到了北京市外事学校的领导、老师们的热情帮助和大力支持，在此一并表示感谢！

由于作者水平有限，本书疏漏之处在所难免，编者企盼在今后的教学和实践中，能有所改进和提高，恳请读者不吝赐教，以便于修订，使之日臻完善。

编 者

2024年1月

目　录

单元一　我眼中的酒吧

单元二　如何为单饮客人服务

单元三　如何调制混合饮品

单元四　你距离一名合格的调酒师还有多远

单元一

我眼中的酒吧

酒吧一词来自英文Bar的谐音，原意是指一种出售酒水的长条柜台，多是指旧时水手、牛仔、商人及游子们消磨时光、交流情感的地方。经过数百年的发展演变，各种崇尚现代文明、追求高品位生活的“吧”正悄然走进人们的休闲生活，同时也在现代都市中形成了一道亮丽独特的文化景观。如今，酒吧通常被认为是各种酒类供应与消费的主要场所，亦是宾馆的餐饮部门之一，专为客人提供饮料服务及消闲而设置。酒吧常伴以轻松愉快的气氛，通常供应含酒精的饮料，也随时准备汽水、果汁等饮品为客人服务。

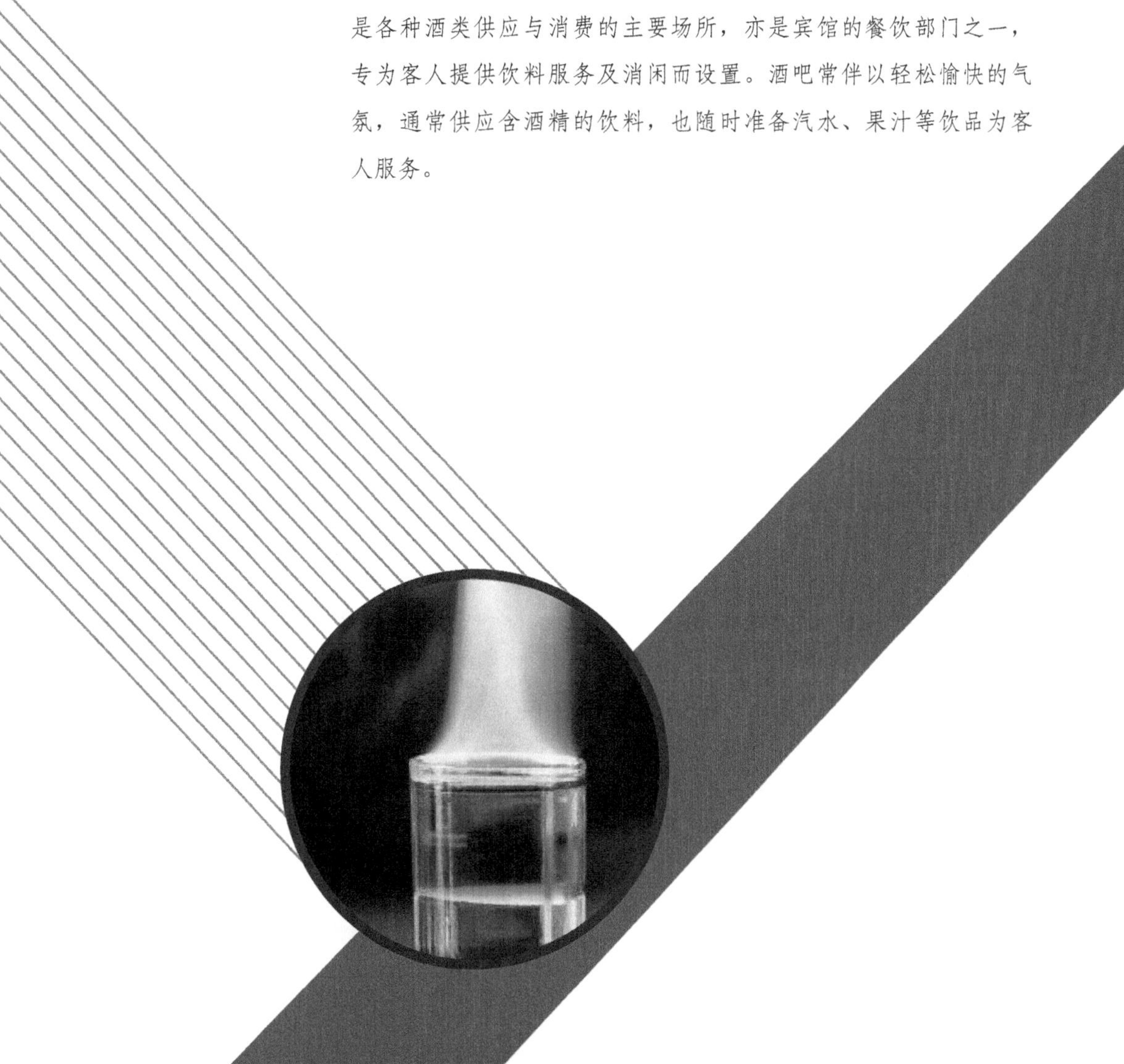

任务一 酒吧类型介绍

工作情境

五彩的灯光、动感的音乐、绚丽的鸡尾酒以及调酒师高超的调酒技术吸引着越来越多的现代人走进酒吧，也吸引着越来越多的时尚一族踏入这个行业。酒吧到底有多神秘呢？让我们一起来看一看吧！

具体工作任务

- 掌握酒吧定义；
- 了解酒吧类型；
- 掌握酒及酒度的定义；
- 掌握酒的分类；
- 了解酒吧工作内容。

活动一 畅想酒吧

对于现代人来说，酒吧消费是一种闲暇，也代表了一种新型的娱乐文化。随着消费者需求的日益复杂化，酒吧也呈现出前所未有的多样性。下面就让我们一起徜徉在多彩的酒吧世界中吧。

信息页一 酒吧的历史及来源

酒吧是指专门为客人提供酒水和饮用服务的休闲场所，也有一些酒吧会根据客人的需要提供一些简易食品。

最初，在美国西部，牛仔和强盗们很喜欢聚在小酒馆里喝酒。由于他们都是骑马而来，所以酒馆老板就在酒馆门前设了一根横木，用来拴马。后来，汽车取代了马车，骑马的人逐渐减少，这些横木也多被拆除。有一位酒馆老板不愿意扔掉这根已成为酒馆象征的横木，便把它拆下来放在柜台下面，没想到却成了顾客垫脚的好地方，受到了人们的喜爱。其他酒馆听说此事后，也纷纷效仿，柜台下放横木的做法便普及开来。横木在英语里读“bar”，所以人们索性就把酒馆翻译成“酒吧”。

信息页二　酒吧吧台结构设计

吧台是酒吧向客人提供酒水及其他服务的工作区域，是酒吧的核心部位，也是最能体现酒吧特色的空间区域。

吧台由前吧(吧台)、中心吧(操作台)和后吧(展示柜)3部分组成(如图1-1-1所示)。吧台就其形式而言是多种多样的，常见的吧台有3种基本形式。

(1) 两端封闭的直线形吧台(如图1-1-2所示)。这种吧台是最为常见的，可凸入室内，也可以凹入房间的一端。它的优点是酒吧服务员不会将背朝向客人，对室内客人既保持有效的距离，也给予一定的尊重。

图1-1-1

图1-1-2

(2) 马蹄形吧台(如图1-1-3所示)，或者称为U形吧台。是指吧台凸入室内，一般安排3个或更多的操作点，两端抵住墙壁，在U形吧台中间，可以设置一个岛形储藏柜来存放用品和冰箱。

(3) 环形吧台(如图1-1-4所示)或中空的方形吧台。这种吧台的中部有一个“小岛”，用于陈列酒类和储存物品。它的好处是能够充分展示酒类，也能为客人提供较大的空间；它的缺点是使服务难度增大，空闲时若只有一个服务人员，则他必须照料4个区域，这样就会有一些服务区域不在有效的服务范围之内。

图1-1-3

图1-1-4

此外，吧台还有其他形式，如半圆形、椭圆形、波浪形等(如图1-1-5和图1-1-6所示)。

不同酒吧的空间形式、经营特点各不相同，因此，设计吧台时，经营者最好根据酒吧具体情况去规划，突出自身特色。

图1-1-5

图1-1-6

信息页三 酒吧的不同表现形式

一、主酒吧(Main Bar or Pub)

主酒吧大多装饰美观、典雅、别致，具有浓厚的欧洲或美洲风格(如图1-1-7所示)。视听设备比较完善，并备有足够的靠柜吧凳，酒水、载杯及调酒器具等种类齐全，摆设得体，特点突出。主酒吧的另一特色是具有各自风格的乐队表演，或向客人提供飞镖游戏。来此消费的客人大多是来享受音乐、美酒以及无拘无束的人际交往所带来的乐趣。

二、酒廊(Lounge)

酒廊在饭店大堂和歌舞厅最为多见(如图1-1-8所示)，装饰上一般没有突出的特点，以经营饮料为主，另外还提供一些小吃。

图1-1-7

图1-1-8

三、服务酒吧(Service Bar)

服务酒吧多见于娱乐型酒吧、休闲型酒吧和餐饮酒吧。顾名思义，是指宾客不直接在吧台上享用饮料，而是通过服务员开票并提供饮料服务。调酒师在一般情况下不和客人接触。

四、宴会、冷餐会、酒会酒吧(Banquet Bar)

这类酒吧是根据宴会标准、形式、人数、厅堂布局及客人要求而摆设的，临时性、机动性较强。

五、多功能酒吧(Grand Bar)

多功能酒吧大多设置于综合娱乐场所，不仅能为午、晚餐的用餐客人提供用餐酒水服务，还能为赏乐、蹦迪(Disco)、练歌(卡拉OK)、健身等不同需求的客人提供种类齐全、风格迥异的酒水及服务。这类酒吧综合了主酒吧、酒廊、服务酒吧等的基本特点和服务职能。

六、主题酒吧(Saloon)

这类酒吧的明显特点即突出主题，来此消费的客人大部分是来享受酒吧提供的特色服务，而酒水往往排在次要位置。

任务单　畅想酒吧

一、请结合所学知识，并上网或查找相关书籍尝试设计一间属于自己的酒吧。

酒吧名称	
酒吧类型	
吧台形式	
装饰风格	
酒吧特色	

二、知识检测。

1. 酒吧有什么特点？

2. 请将下面酒吧的类型与图片进行连线。

酒廊

主酒吧

3. 通过这部分内容的学习，同学们大致了解了酒吧，那么你知道酒吧给人们的生活带来了怎样的变化吗？

活动二 我与酒吧

一间成功的酒吧，除了要有独特的设计、创新的经营理念，还离不开每一位优秀的员工。做好酒吧工作非常不容易，但在工作中，也有享不完的乐趣和学不尽的知识。做好酒吧工作，你准备好了吗？

信息页一 调酒师

调酒师是指在酒吧或餐厅专门从事配制酒水、销售酒水工作，并让客人领略酒文化的人员，英文为Bartender或Barman。酒吧调酒师的工作任务包括：酒吧清洁、酒吧摆设、调制酒水、酒水补充、应酬客人和日常管理等。

作为一名调酒师，要掌握各种酒的产地、物理特点、口感特性、制作工艺、品名以及饮用方法，并能够鉴定出酒的质量、年份等。此外，客人吃不同的甜品，需要搭配不同的酒，也需要调酒师给出合理的推荐。鸡尾酒是由一种基酒搭配不同的辅料构成，不同的辅料会产生不同的物理、化学反应，从而呈现出各种各样的味觉差异，对于调酒师而言，这便是创制新酒品的基础。

信息页二 酒吧风格介绍

当太阳从天际悄悄溜走，各大写字楼安静下来时，有些地方的故事却刚刚开始，那些象征着时尚、情调、风格的夜店开始慢慢热闹起来。有的朋友小聚，在风景怡人的小酒吧，边喝酒边玩着时下流行的酒吧游戏，看着窗外的美景，谈天说地轻松惬意；有的独自一人坐于吧台，在悦耳的音乐声中细品美酒，将一天的疲劳一扫而空。不同的心情、不同的人群选择的酒吧风格自然也不同，大体可分为以下几种。

一、演艺酒吧

演艺酒吧，顾名思义，以演艺为主导，演员质量、节目质量、演出形式等，经营者都要精心打造。根据不同地域、不同文化，经营者要结合客人的口味来制作节目，赢得客人的喜欢，同时，要体现时尚，引导时尚理念。因此，演艺方面要精心策划，时常变换节目、演员和形式等。

二、慢摇酒吧

慢摇酒吧与演艺酒吧略有不同，在穿插演出节目之外，大多以DJ慢摇舞曲为主流。此种酒吧属于时尚店，生命力不长，是时代流行产物，但在开设的一段时间里，根据酒吧装修的豪华程度可短时间赚钱。

三、主题酒吧

主题酒吧，如阿伦故事酒吧，具有独特的风格。此种酒吧的经营者必须有灵敏的头脑和长远的眼光，应不断推陈出新。如果只采用一种模式，很难长时间保持良好的经营状况。

四、品酒酒吧

品酒酒吧主要提供各类饮品，也有一些佐酒小吃，如果脯以及杏仁、腰果、花生等坚果类食品。因为据科学验证，人们喝酒之后流失最多的就是坚果类食品中所含物质。一般娱乐中心、机场、码头、车站等的酒吧多属此类。

五、休闲型酒吧

休闲型酒吧，通常称之为茶座，是客人放松精神、怡情养性的场所。主要满足谈话、约会客人的需求，因此酒吧座位会很舒适，灯光柔和，音响音量较小，环境温馨优雅，除其他饮品外供应的饮料以软饮为主，咖啡是其所售饮品中的大项。

六、俱乐部、沙龙型酒吧

俱乐部、沙龙型酒吧是由具有相同兴趣爱好、职业背景、社会背景的人群组成的松散型社会团体，在某一特定酒吧定期聚会，讨论共同感兴趣的话题，交换意见及看法，同时有饮品供应，例如：企业家俱乐部、股票沙龙、艺术家俱乐部、单身俱乐部等。不同城市的酒吧聚集地也不一样，其中，北京的后海、798艺术工厂，上海的衡山路、新天地，广州的芳村等都是比较有特色的。

信息页三 酒的定义及其划分

一、什么是酒

酒是用粮食或水果等富含淀粉和糖的物质经发酵自然而成的含乙醇的饮料。一般酒度在0.5%～75.5%之间。

国际酿酒业规定：在温度为20℃时，酒精(乙醇)含量的百分比为酒精度数，简称“酒度”。例如：在20 ℃时某酒含乙醇56%，则此酒的酒度为56度。

在酒度的表示方法上，各国也有不同。

(1) 国际标准：通常用“%vol”或“GL”表示，有时也用“° ”表示。

(2) 英制酒度：现少数国家采用“sikes”表示。

(3) 美制酒度：采用“proof”表示。

英制和美制酒度早于国际标准酒度，三者关系为：1 GL＝2 proof＝1.75 sikes。

二、酒类划分

(一) 按照酒精含量划分

(1) 低度酒：酒度20%以下。

(2) 中度酒：酒度20%～40%。

(3) 高度酒：酒度40%以上。

(二) 按照生产工艺划分

1. 发酵酒

发酵酒是将粮食或水果等压榨的汁液装入特制的容器中，加入糖和酵母共同发酵而成的酒品，如图1-1-9所示。

2. 蒸馏酒

蒸馏酒又称烈酒，是指以糖质或淀粉为原料，经糖化、发酵、蒸馏而成的高度酒品，如图1-1-10所示。

3. 配制酒

配制酒通常是以发酵原料或发酵酒为酒基，在酒基内加入各种药草、香料、水果等不同原料，使用浸泡、混合、勾兑方法调制而成的酒品，如图1-1-11所示。

图1-1-9

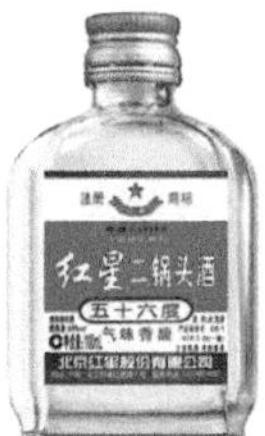

图1-1-10

图1-1-11

任务单　“我能胜任酒吧的工作”

除了以上知识点，从事酒吧工作还应掌握哪些知识和技能呢？大家一起走进酒吧采访一下吧。

酒吧名称	
酒吧类型	
被采访人员姓名	
工作年限	
工作体会	
对我的提示	

采访人：　　　　　　　　　　　　　　时间：　　年　　月　　日

任务评价

评价项目	具体要求	评价			
					建议
酒吧类型介绍	1.“我的酒吧”设计				
	2. 知识检测1				
	3. 知识检测2				
	4. 知识检测3				
	5. 酒吧采访				
学生自我评价	1. 原料、器具准备				
	2. 服务手法				
	3. 积极参与				
	4. 协作意识				
小组活动评价	1. 团队合作良好，都能礼貌待人				
	2. 工作中彼此信任，互相帮助				
	3. 对团队工作都有所贡献				
	4. 对团队的工作成果满意				
总计		个	个	个	总评

在酒吧类型介绍中，我的收获是：	
在酒吧类型介绍中，我的不足是：	
改进方法和措施有：	

任务二 酒吧设备及器具介绍

工作情境

俗话说得好："工欲善其事，必先利其器。"一名合格的调酒师必须能正确使用酒吧内的设备、用具、器皿等，因此，了解常用调酒设备及器具是非常重要的。

具体工作任务

- 熟悉酒吧设备名称及的主要用途；
- 掌握常用调酒器具的中英文名称及主要用途。

活动一 酒吧设备设施的认知

在酒吧中，调酒师应在安全、卫生的基础上正确使用各种设备，保证工作顺利开展。常用的设施设备如表1-2-1所示。

信息页 酒吧设备

表1-2-1　酒吧设备

设备名称	设备用途	参考图片
冰箱 Refrigerator	冰箱是酒吧中用于冷藏酒水、饮料，保存适量酒品和其他调酒用具的设备。通常放在后吧，大小型号可根据酒吧的规模、环境等条件选用。通常白葡萄酒、香槟、啤酒、果汁、装饰物、奶油及其他用品都放入其中冷藏，如图1-2-1所示	图1-2-1

（续表）

设备名称	设备用途	参考图片
制冰机 Ice Cube Machine	制冰机是酒吧中制作冰块的机器，可自行选用不同的型号，如图1-2-2所示。冰块是调酒中不可缺少的材料	图1-2-2
碎冰机 Crushed Ice Machine	调酒师调酒时需要碎冰。碎冰机也是一种制冰机，制出来的冰为碎粒状，如图1-2-3所示	图1-2-3
扎啤机 Draught Beer Machine	扎啤机也叫啤酒售酒器，它由制冷机、扎啤桶、二氧化碳气瓶组成，如图1-2-4所示	图1-2-4
洗杯机 Washing Machine	洗杯机中有自动喷射装置和高温蒸汽管。较大的可放入整盘杯子进行清洗。一般将酒杯放入洗杯机里，调好程序，按下按钮即可清洗，如图1-2-5所示。小型旋转式洗杯机，每次只能洗一个杯子，一般装在吧台的边上	图1-2-5
电动搅拌机 Blender	电动搅拌机是用来搅拌材料的设备，专门调制分量多或材料中有固体食物而难以充分混合的鸡尾酒，如图1-2-6所示	图1-2-6

(续表)

设备名称	设备用途	参考图片
果汁机 Juicer	果汁机有多种型号，主要作用有两方面：一是冷冻果汁，二是自动稀释果汁，如图1-2-7所示	图1-2-7
咖啡机 Coffee Machine	咖啡机专为煮咖啡用，有很多型号，如图1-2-8所示	图1-2-8
苏打枪 Hang Gun Soda System	苏打枪是用来分配含汽饮料的系统。该装置包括1个喷嘴和7个按钮，可分配7种饮料，即汤力水、可乐、七喜、Collins mix(柯林斯饮料)、姜汁啤酒、薄荷水等。它可以保证饮品供应的一致性，避免浪费，如图1-2-9所示	图1-2-9
奶昔机 Drink Mixer	奶昔机用于搅拌奶昔，如图1-2-10所示	图1-2-10
洗涤槽、沥水槽	洗涤槽、沥水槽是酒吧中重要的洗涤设备，主要包括洗涤槽、冲洗槽和消毒槽3部分(有的带有滴水板)，如图1-2-11所示。经过洗涤的杯子，应反扣在滴水板上使其自然风干，以保持酒杯的彻底干净。沥水槽通常设于洗涤槽两边，用于控干杯子上的水	图1-2-11

知识链接

立式冰柜的清洁

立式冰柜外侧有3面面向客人，保持其清洁卫生对酒吧环境至关重要。在进行酒吧日常卫生工作时，每天必须将冰柜外侧擦拭干净，特别是外柜的玻璃门，要求清洁光亮，无任何污渍、水迹。一般的清洁方法是用湿抹布擦拭冰箱外侧，对冰柜上的果汁、污渍、水迹等要进行特别处理，确保其干净。

冰柜的玻璃门每天必须用玻璃清洁剂擦抹，确保其光亮透明。门把手是最容易藏污纳垢的部位，清洁时需用清洁剂喷洒去污，然后用干净抹布将把手内外擦净。

任务单　掌握酒吧设施设备

	名称	
	用途	
	名称	
	用途	
鲜 扎啤 卖	名称	
	用途	
	名称	
	用途	

(续表)

	名称	
	用途	
	名称	
	用途	
	名称	
	用途	
	名称	
	用途	
	名称	
	用途	

活动二　调酒用具的认知

调酒师如魔术师一般，在表演魔术之前一定要准备好自己的道具，否则很难呈现出精彩的瞬间。因而，调酒师要调好一杯酒需要准备哪些器具呢？

信息页一 酒吧器具(如表1-2-2所示)

表1-2-2 酒吧器具

器具名称	使用说明	参考图片
普通调酒壶 Shaker	调酒壶的作用是摇匀放在壶中的调酒材料，使酒迅速冷却。由壶盖、滤冰器及壶体3部分组成，以不锈钢制为主，如图1-2-12所示	图1-2-12
波士顿调酒壶 Boston Shaker	波士顿调酒壶由调酒杯和不锈钢壶组成，经常用于花式调酒表演，如图1-2-13所示	图1-2-13
调酒杯 Mixing Glass	调酒杯一般用玻璃制造，杯身较厚并印有刻度。把所需的材料放入杯中，用调酒棒调匀即可。还可配合波士顿调酒壶摇匀酒品，如图1-2-14所示	图1-2-14
量酒器 Jigger	量酒器是调制鸡尾酒和其他混合饮料时，用来量取各种液体的标准容量杯。有不锈钢和玻璃两种材质。两头呈漏斗形，一头大一头小，如图1-2-15所示	图1-2-15

(续表)

器具名称	使用说明	参考图片
吧匙 Bar Spoon	吧匙的主要作用是搅拌、调和饮料和滤冰，亦可作为计量单位，多为不锈钢制品。它的柄长约25cm，一头为匙，一头为叉，中间呈螺旋状，如图1-2-16所示	图1-2-16
滤冰器 Strainer	滤冰器上面有一段可取下的弹簧圈，当鸡尾酒调好后，把它架在调酒壶或调酒杯口上，留住冰粒后，将混合后的酒滤入载杯，如图1-2-17所示	图1-2-17
调酒棒 Mixing Stir	调酒棒是用调酒杯调酒时搅拌用的工具，大多是塑料制品，主要是供客人使用，如图1-2-18所示	图1-2-18
酒嘴 Pour Spot	酒嘴是为了减缓酒液冲力和控制酒液流量而安置在酒瓶口的一种小型控制器，如图1-2-19所示	图1-2-19
冰夹 Ice Tong	冰夹用来夹取冰块放到酒杯或摇酒器内，还可以夹取水果装饰等，如图1-2-20所示	图1-2-20

（续表）

器具名称	使用说明	参考图片
冰桶 Ice Bucket	冰桶用来放冰块、冰镇酒水，如图1-2-21所示	图1-2-21
冰铲 Ice Scoop	冰铲在由制冰机向杯子内或调酒壶等容器中放冰块时使用，如图1-2-22所示	图1-2-22
开瓶钻 Corkscrew	开瓶钻用来开启带橡木塞的葡萄酒瓶，在酒吧中也称之为“调酒师之友”，如图1-2-23所示	图1-2-23
吸管 Straw	吸管主要是用来饮用杯中的饮料，同时也是非常好的装饰物，如图1-2-24所示	图1-2-24

另外，酒吧必备器具还包括挖冰激凌器、砧板、水果刀、杯垫、酒签、水果盒、托盘等。

信息页二 酒吧常用杯具

在酒杯的选择和使用上，要以酒为标准，配以适合的酒杯，使酒品完美和谐，如表1-2-3所示。

表1-2-3　酒吧常用杯具

杯具名称	用途和特点	形状
鸡尾酒杯 Cocktail Glass	鸡尾酒杯通常呈倒三角形或梯形，容量为4.5oz。鸡尾酒杯可以是各种形状的异形杯，如图1-2-25所示	图1-2-25
海波杯 Highball Glass	海波杯是一种大型杯具，高约12cm，直径约8cm，容量约6oz，常用于兑和法调制酒水，如图1-2-26所示	图1-2-26
柯林杯 Collins Glass	柯林杯又称直筒杯，容量为8～10oz，常用于各种简单的长饮料调制，如图1-2-27所示	图1-2-27
老式杯 Old Fashioned Glass	老式杯又称岩石杯、古典杯，杯身短小，杯口较宽，容量为8oz。常用于烈酒加冰块饮用，如图1-2-28所示	图1-2-28
白兰地杯 Brandy Snifter	白兰地杯的容量为6～8oz不等，其圆大的杯体底部正适于托在温暖的手心中，此时酒中缓缓挥发的芳香不断升腾，却又被相对窄小的杯口限制在杯中，使杯内洋溢的酒香为托杯人所独享，如图1-2-29所示	图1-2-29

（续表）

杯具名称	用途和特点	形状
利口杯 Liqueur Glass	利口杯是一种小型有脚杯，容量为1～2oz。专门用于饮用餐后利口甜酒、彩虹酒，如图1-2-30所示	图1-2-30
玛格利特杯 Margarita Glass	玛格利特杯的正式称呼是9oz杯，在欧美非常流行，如图1-2-31所示	图1-2-31
爱尔兰咖啡杯 Ireland Coffee Glass	爱尔兰咖啡杯形状近似葡萄酒杯，在杯身7分满处有一条金线，容量为6oz。用于制作爱尔兰咖啡，如图1-2-32所示	图1-2-32
烈酒杯 Shot Glass	烈酒杯的主要特征是壁厚、平底、容量小，有1oz和2oz两种。它是酒吧内最小的平底无脚杯。功能主要体现在两方面：一是用以代替大量酒杯来量酒，二是用来饮用不经稀释的烈性酒，如图1-2-33所示	图1-2-33

(续表)

杯具名称	用途和特点	形　状
酸酒杯 Sour Glass	酸酒杯底部有握柄，上方呈倒三角，且深度较鸡尾酒杯深，容量为4～6oz。用于盛酸味鸡尾酒和部分短饮鸡尾酒，如图1-2-34所示	图1-2-34
啤酒杯 Beer Glass	啤酒杯通常有带把和无把两种，容量为10～20oz，如图1-2-35所示	图1-2-35
郁金香形香槟杯 Champagne Tulip Glass	郁金香形香槟杯纤长的设计是为了体现其雅致的形象，同时可以使香槟酒中缓缓上升的泡沫长时间逗留在杯中，如图1-2-36所示	图1-2-36
碟形香槟杯 Champagne Saucer Glass	碟形香槟杯开阔的杯口，便于气泡散发，常用于码放香槟塔以烘托气氛，如图1-2-37所示	图1-2-37
宾治盆 Punch Bowl	宾治盆主要用于盛装混合饮料，配以多只宾治杯和宾治勺使用。宾治盆的容量一般在1～2加仑以上。宾治杯有的有把无脚，有的有脚无把，容量为4oz以上，如图1-2-38所示	图1-2-38

知识链接

酒吧器具的清洗要点

(1) 调酒壶、量酒器的内侧需要用清洁布仔细擦洗，不留任何污渍。

(2) 调酒壶的过滤网容易残留酒渍，清洁时一定要重点清洗，要将洗涤过的调酒用具放入专业消毒剂或电子消毒柜中消毒。

(3) 若酒吧采用化学消毒法，则需将消过毒的调酒用具取出，用清水洗净，擦干。

(4) 若采用电子消毒法消毒，则只需将消过毒的调酒用具从电子消毒柜中取出，放在干净的工作台备用。

(5) 在一些正规的酒吧，吧匙通常是放在苏打水中保存，随用随取。

任务单　酒吧常用器具

根据图片写出酒吧常用器具的名称和用途。

	名称	
	用途	
	名称	
	用途	
	名称	
	用途	
	名称	
	用途	
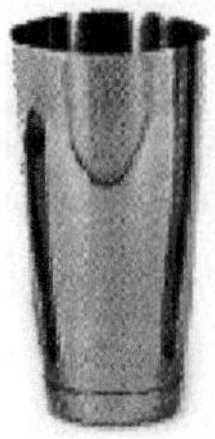	名称	
	用途	

(续表)

	名称	
	用途	
	名称	
	用途	
	名称	
	用途	
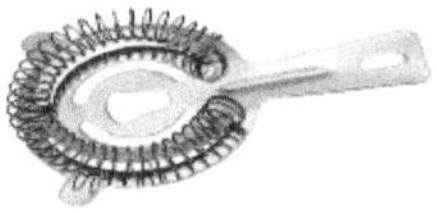	名称	
	用途	
	名称	
	用途	
	名称	
	用途	
	名称	
	用途	
	名称	
	用途	

（续表）

	名称	
	用途	
	名称	
	用途	

知识链接

酒杯的挑选与使用

一、挑选和使用酒杯时的注意事项

酒吧常用的酒杯大多是由玻璃或水晶制作而成。

(1) 不管材质如何，其基本要求均是无杂质、无刻花、无印花。杯体厚重，无色透明，酒杯相碰能发出金属般清脆的铿锵声。

(2) 酒杯在形状上有非常严格的要求，不同的酒应用不同形状的杯具来展示酒品的风格和情调。

(3) 合理选择酒杯的质地、容量及形状，不仅可以展现出酒品及杯具的典雅和美观，而且能调节饮酒的氛围。

二、不同酒杯的握杯方法

在品尝鸡尾酒时，握杯方法很重要：一是彰显品位，二是对于一些酒类及饮料要防止将手掌温度传递到酒里。握杯时，并非端起来就行，还要注意优雅和美观。

(1) 高脚杯要用拇指、食指、中指捏住靠近底座的部分，切勿捧杯。

(2) 平底酒杯要握住酒杯下侧1/3处，这样看起来比较美观，也很卫生。

(3) 矮脚大肚的白兰地球形杯，可用食指和中指夹住杯脚，用手掌托住杯身使之变暖，散发出酒香。

三、酒杯的清洁

一定要确保杯上绝无半点污垢。要用热水将酒杯洗净和过清，趁它还暖的时候，用毛巾仔细擦干净。若将酒杯冷冻，再取出来盛装适合的鸡尾酒，会呈现更美妙的感觉。清洁步骤如下。

(1) 用中性洗涤剂清洗玻璃杯，洗净后用热水冲洗，倒置直到水干。

(2) 用干净的口布包住杯底，注意不要将指纹留在玻璃杯上。

(3) 将多出的口布深入杯中，直达底部。

(4) 用手指夹住口布，旋转玻璃杯，仔细擦干杯内壁。

任务评价

<table>
<tr><th rowspan="2">评价项目</th><th rowspan="2">具体要求</th><th colspan="5">评价</th></tr>
<tr><th></th><th></th><th></th><th colspan="2">建议</th></tr>
<tr><td rowspan="3">酒吧设备及器具介绍</td><td>1. 酒吧设备识别</td><td></td><td></td><td></td><td colspan="2" rowspan="3"></td></tr>
<tr><td>2. 酒吧器具识别</td><td></td><td></td><td></td></tr>
<tr><td>3. 酒杯的清洁</td><td></td><td></td><td></td></tr>
<tr><td rowspan="4">学生自我评价</td><td>1. 原料、器具准备</td><td></td><td></td><td></td><td colspan="2" rowspan="4"></td></tr>
<tr><td>2. 服务手法</td><td></td><td></td><td></td></tr>
<tr><td>3. 积极参与</td><td></td><td></td><td></td></tr>
<tr><td>4. 协作意识</td><td></td><td></td><td></td></tr>
<tr><td rowspan="4">小组活动评价</td><td>1. 团队合作良好，都能礼貌待人</td><td></td><td></td><td></td><td colspan="2" rowspan="4"></td></tr>
<tr><td>2. 工作中彼此信任，互相帮助</td><td></td><td></td><td></td></tr>
<tr><td>3. 对团队工作都有所贡献</td><td></td><td></td><td></td></tr>
<tr><td>4. 对团队的工作成果满意</td><td></td><td></td><td></td></tr>
<tr><td>总计</td><td></td><td>个</td><td>个</td><td>个</td><td>总评</td><td></td></tr>
<tr><td colspan="2">在酒吧设备及器具的介绍中，我的收获是：</td><td colspan="5"></td></tr>
<tr><td colspan="2">在酒吧设备及器具的介绍中，我的不足是：</td><td colspan="5"></td></tr>
<tr><td colspan="2">改进方法和措施有：</td><td colspan="5"></td></tr>
</table>

单元二

如何为单饮客人服务

在酒店、餐厅中，侍酒服务是一种很讲究的酒文化。葡萄酒服务历来被视为正规、标准服务的代表，是衡量是否具有服务水准的重要标准。设计精致的酒单、令人赏心悦目的杯皿、训练有素的服务员，所有这些都将带给顾客一种温馨愉悦的享受。

任务一 白兰地酒服务

工作情境

在一些欧美电影里，经常能看到人们在茶余饭后，手捧一只盛装着琥珀色酒液的精美矮脚玻璃杯。酒吧里，一些时代的宠儿为了显示自己的高贵典雅，挥金点用这神奇的酒品。它就是这里要为大家介绍的酒吧6大烈酒之“白兰地”。

具体工作任务

- 了解白兰地的主要生产国；
- 熟悉干邑白兰地的酒区划分、特点和年限表示法；
- 熟悉雅文邑的年限表示法；
- 掌握干邑白兰地和雅文邑白兰地的知名品牌；
- 了解其他种类的白兰地；
- 掌握白兰地的饮用和服务方法。

活动一 白兰地酒服务准备

白兰地属于高酒精度的蒸馏酒，被誉为男人专属、英雄之酒，它浓烈甘醇的强烈味道，显示出华贵的身世地位，好似酒中的贵族一样。餐后休闲时光如果有上好的干邑相伴，端详其晶莹剔透的琥珀色，嗅其或优雅细致或浓郁醇美的酒香，品其萦绕不散的芬芳，那将是非常惬意的享受。

信息页一 白兰地的诞生

白兰地，最初来自荷兰文Brandewijn，意为“可燃烧的酒”。白兰地的诞生，有一段有趣的故事：16世纪时，法国开伦脱(Charente)河沿岸的码头上有很多法国和荷兰的葡萄酒商人，他们把法国葡萄酒出口荷兰的交易进行得很兴盛，这种贸易都是通过船只航运来实现的。当时该地区经常发生战争，因此葡萄酒贸易常因航行中断而受阻，由于运输时间延迟、葡萄酒变质，造成商人受损是常有的事。此外，葡萄酒整箱装运占用的空间较大，费用昂贵，使成本增加。这时有一位聪明的荷兰商人，采用蒸馏方法将葡萄酒制成浓缩液，然后把这种浓缩蒸馏液用木桶装运到荷兰，再兑水稀释以降低酒度出售，这样酒就不

会变质，成本也降低了。但令他没有想到的是，那不兑水的蒸馏液更加甘美可口。然而，桶装酒同样也会因遭遇战争而停航，且停航时间有时很长。人们无意间惊喜地发现，桶装葡萄蒸馏酒并未因运输时间长而变质，反而由于在橡木桶中储存日久，酒色从原来的透明无色变成美丽的琥珀色，并且酒香更芬芳，味更醇和。人们在实践中得出一个结论：葡萄酒经蒸馏后得到的高度烈酒一定要放入橡木桶中储藏一段时间后，才能提高质量、改变风味，更受人喜爱。

信息页二　干邑白兰地(Cognac)

世界上有很多国家生产白兰地，如法国、德国、意大利、西班牙、美国等，但以法国生产的白兰地品质最好，而法国白兰地又以干邑和雅文邑两个地区的产品为最佳，其中，干邑的品质举世公认，最负盛名。

干邑酒的特点：从口味上来讲，干邑白兰地酒具有柔和、芳醇的复合香味，口味精细讲究。酒体呈琥珀色，清亮光泽，酒度一般在40%～43%。酿酒所使用的橡木桶对酒质影响很大，它赋予白兰地金色的光泽。因此，木材选用和酒桶制作也相当严格，最好的木桶是来自利穆赞(Limousin)和托塞思(Troncais)两地的特产橡木。

一、干邑的6个酒区

干邑，音译为“科涅克”，位于法国西南部，是波尔多北部夏朗德省境内的一个小镇。科涅克地区的土壤非常适宜葡萄生长，所产的白兰地最醇、最好，被称为“白兰地之王”。

法国政府颁布酒法明文规定，只有在夏朗德省境内，干邑镇周围的36个县市所生产的白兰地可命名为干邑，除此以外的任何地区都不能用“Cognac”一词来命名，而只能用其他指定的名称命名。这一规定以法律条文的形式确立了“干邑”白兰地的生产地位。

1938年，法国原产地名协会和科涅克同业管理局根据AOC法(法国原产地名称管制法)和科涅克地区内的土质及生产白兰地的质量与特点，将干邑分为以下6个酒区。

(1) GRANDE CHAMPAGNE　　大香槟区

(2) PETITE CHAMPAGNE　　小香槟区

(3) BORDERIES　　波鲁特利区(香槟边缘区)

(4) FIN BOIS　　芳波亚区(优质林区)

(5) BON BOIS　　邦波亚区(良质林区)

(6) BOIS ORDINAIRES　　波亚·奥地那瑞斯区(普通林区)

二、干邑酒储存年限表示方法

法国政府为了确保干邑白兰地的品质，对白兰地，特别是科涅克白兰地的等级有着严格的规定。该规定是以干邑白兰地原酒的酿藏年数来设定标准，并以此作为干邑白兰地划分等级的依据。干邑基本上分为3级，如表2-1-1所示。白兰地的酒龄决定了白兰地的价值，陈酿时间越久，质量越好。

表2-1-1　干邑等级划分

等级	标识	英文含义	说明
第一级	VS	Very Superior	又叫三星白兰地，属于普通型白兰地。法国政府规定，干邑地区生产的最年轻的白兰地只需要18个月酒龄。但厂商为保证酒的质量，规定在橡木桶中必须酿藏两年半以上
第二级	VSOP	Very Superior Old Pale	属于中档干邑白兰地，享有这种标志的干邑至少需要4年半酒龄。然而，许多酿造厂商在装瓶勾兑时，为提高酒的品质，会适当加入一定成分的10～15年陈酿干邑白兰地原酒
第三级	Napoleon(拿破仑)、Cordon Blue(蓝带)、XO(Extra Old，特陈)、Extra(极品)	Luxury Cognac	属于精品干邑，大多数作坊都生产质量卓越的白兰地，均是由非常陈年的优质白兰地调兑而成。依据法国政府规定，此类干邑白兰地原酒在橡木桶中必须酿藏6年半以上，才能装瓶销售

三、干邑白兰地酒龄

法国白兰地在商标上标有不同的英文缩写，来表示不同的酒质，如表2-1-2所示。

表2-1-2　法国白兰地商标缩写标识

缩写标识	英文含义	酒品质量
E	Especial	特别的、特殊的
F	Fine	优良的、精美的、好的
V	Very	非常的
O	Old	古老的
S	Superior	较高的、特别的
P	Pale	淡的
X	Extra	格外的
C	Cognac	科涅克
A	Armagnac	雅文邑

四、干邑白兰地著名品牌(如图2-1-1～图2-1-8所示)

图2-1-1　人头马XO(Remy Martin)

图2-1-2　人头马VSOP(Remy Martin)

图2-1-3　轩尼诗XO(Hennessy)

图2-1-4　轩尼诗VSOP(Hennessy)

图2-1-5　马爹利XO(Martell)

图2-1-6　马爹利VSOP(Martell)

图2-1-7　拿破仑XO(Courvosier)

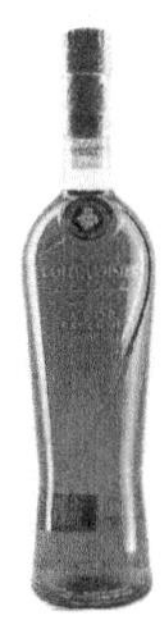

图2-1-8　拿破仑VSOP(Courvosier)

知识链接

干邑酒标

一、干邑酒标上的“香槟”指代什么

大香槟区和小香槟区内所种植葡萄酿造的干邑酒的酒质最优良，标贴上印有干邑GRAND FINE CHAMPAGNE 或FINE CHAMPAGNE COGNAC字样，意思是“特优香槟干邑”。这里的“香槟”与“香槟酒”切勿混为一谈。之所以称为香槟，是因为这两个地区的土壤中含有极其丰富的石灰岩成分，其土质与生产香槟酒的香槟区土质很相似，才取此相似的名字。

二、干邑酒级别中的“拿破仑”标志着什么

精品干邑中的“拿破仑”(Napoleon)，表示酒龄至少6年；凡是大于6年酒龄的称XO，意思是特醇；大于20年酒龄的称顶级(Paradis)，或称路易十三(Louis ⅩⅢ)。例如：一瓶XO级白兰地，用以配混的每种蒸馏葡萄酒精，在橡木桶中的储存期都必须在6年以上，其中储存年份较长久的，可能是20年以上，也可能是40～50年，由各制造厂商自行掌握。一瓶酒的年份及价值，能够从商标等级上反映出来。

需要提醒的是，“拿破仑”这个词，是一种酒质等级标志，而不是商标名称。

信息页三 雅文邑白兰地(Armagnac)

雅文邑位于干邑南部，法国西南部的热尔省(Gers)境内的加斯科涅(Gascony)地区，以盛产深色白兰地驰名，有“加斯科涅液体黄金”的美誉，其生产整整比干邑早了2个世纪。雅文邑的工艺与干邑基本相似，但有个别差异。

雅文邑的蒸馏是一次性连续蒸馏，蒸馏液的酒度不能大于60%，其目的是为了使蒸出的白兰地更充满香气。

酒桶的材料是用法国蒙勒赞(Monlezun)森林的黑橡木(Black Oak)制成。这种木材色黑、树液多、单宁多，有细小纹理，和酒接触的表面积较大，雅文邑复杂的风味、较深的颜色都是由此演变而来的。雅文邑白兰地酒的香气较强，味道也较新鲜有劲，具有阳刚风格，陈酿时间较干邑短。

雅文邑陈酒的鉴别标准是以1、2、3、4、5来表示的。陈酿一年者是从蒸馏完毕的5月1日至第二年的5月1日，用1表示。陈酿两年者用2表示，依次类推。1～3年者通常用“2”、Trois Etoiles(三星)、Monopole(专营)、Selection Deluxe(精选)等表示。4年者用VO(远年陈酿)、VSOP(精制远年陈酿)、Reserve(佳酿)、XO(未知龄)、Horsd’age(无龄)表示。

雅文邑酒体呈琥珀色，发黑发亮，因储存时间较短，所以口味烈，陈年或远年的雅文邑白兰地，酒香袭人，风格稳健沉着，醇厚浓郁，回味悠长，挂杯时间较长，酒度为43%。

信息页四　其他白兰地

一、法国白兰地(French Brandy)

除干邑和阿尔玛涅克以外的任何法国葡萄蒸馏酒统称为白兰地。这些白兰地酒在生产、酿藏过程中政府没有太多的硬性规定，一般不需要经过太长时间的酿藏，即可上市销售，其品牌种类较多，价格也比较低廉，质量不错，外包装也非常讲究，在世界市场上很有竞争力。法国白兰地模仿干邑的等级标志，在商标上常标注“Napoleon”(拿破仑)和“XO”(特酿)，但这种标志与实际酒龄酒质无关。其中以标注“Napoleon”的最为广泛，而真正称为拿破仑牌子的白兰地是克罗维希(Curvoisier)，它与马爹利、轩尼诗和人头马并称4大干邑。

二、玛克白兰地(Marc Brandy)

“Marc”在法语中是“渣滓”的意思，很多人又把此类白兰地酒称为葡萄渣白兰地。它是指将酿制红葡萄酒时经过发酵后过滤掉的酒精含量较高的葡萄果肉、果核、果皮残渣再度蒸馏，提炼出的含酒精成分的液体，再在橡木桶中酿藏生产而成的蒸馏酒品。在法国许多著名的葡萄酒产地都有生产。勃艮第(Bourgogne)是玛克白兰地的著名产区，该地区所产玛克白兰地在橡木桶中要经过多年陈酿。

玛克白兰地的著名品牌有：Domaine Pierre(Marc de Bourgogne)皮耶尔领地、Camus (Marc de Bourgogne)卡慕、Massenez 玛斯尼(阿尔萨斯玛克)、Dopff德普(阿尔萨斯玛克)、Leon Beyer雷翁・比尔(阿尔萨斯玛克)、Gilbert Miclo吉尔贝特・米克(香槟玛克)等。

三、水果白兰地

除葡萄可以用来制成白兰地外，其他水果，例如李子、梅子、樱桃、草莓、橘子等经过发酵后，同样可以制成各种白兰地。因此，我们通常所说的白兰地实际上是葡萄白兰地，而以其他水果制成的白兰地则统称为水果白兰地。

1. 苹果白兰地(Apple Brandy)

苹果白兰地是将苹果发酵后压榨出苹果汁，再加以蒸馏而酿制成的一种水果白兰地酒。它的主要产地在法国北部、英国、美国等世界许多苹果生产地。美国生产的苹果白兰地酒被称为“Apple Jack”，需要在橡木桶中酿藏5年才能销售；加拿大称为“Pomal”；德国称为“Apfelschnapps”。而世界上最为著名的苹果白兰地酒是法国诺曼底的卡尔瓦多斯生产的，被称为“Calvados”。该酒色泽呈琥珀色，光泽明亮发黄，酒香清芬，果香浓郁，口味微甜，酒度在40%～50%。一般法国生产的苹果白兰地酒需要陈酿10年才能上市销售。

2. 樱桃白兰地 (Cherry Brandy)

这种酒使用的主原料是樱桃，酿制时必须将其果蒂去掉，将果实压榨后加水使其发酵，然后经过蒸馏、酿藏而成。它的主要产地在法国的阿尔沙斯(Alsace)、德国的斯瓦兹沃特(Schwarzwald)、瑞士和东欧等地区。

另外，在世界各地还有许多以其他水果为原料酿制而成的白兰地酒，只是在产量、销售量和名气等方面没有前面提到的那些白兰地酒大而已，如李子白兰地酒、苹果渣白兰地酒等。

任务单　初识白兰地

一、根据品牌填写表格。

酒品图片	品牌	产地	酒度	酒品简介

(续表)

酒品图片	品牌	产地	酒度	酒品简介

二、以小组为单位，制作展示人头马路易十三酒品介绍的演示文稿。

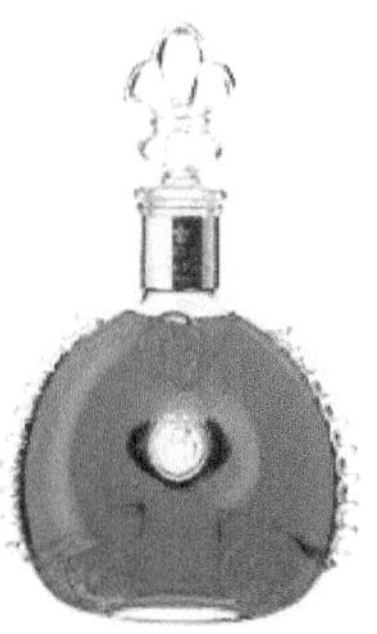

知识链接

橡木桶与白兰地酒

白兰地酒之所以经酿藏后口感醇和、芳香浓郁，是因为所用橡木桶对白兰地有微妙的“交换作用”，使本来没有颜色的酒，神奇地变成橡木桶的琥珀色，而且增添了白兰地特有的香气。不过，白兰地本身也要付出一定的代价，因为一部分白兰地会随着时间的推移慢慢蒸发掉。

据说，仅在法国干邑地区，一年蒸发掉的白兰地酒约2000万瓶。难怪有人笑称，这些蒸发掉的酒是被天使偷喝

掉了。由于橡木对白兰地的酒质影响很大，因而酒厂对木材的选择和酒桶的制造也非常讲究。

首先，砍伐下来的橡木，须经两年以上的风干以后，才可以用来做木桶，以防橡木中的水分渗出而影响白兰地的醇美口味；其次，所有木桶都用橡木镶嵌而成，其间不用一颗铁钉或一滴胶水，也不能用锯子来割，以确保储存过程不影响酒的色泽和口味。这就要求木匠师傅以优秀的技能和娴熟的技巧，利用自然界物体热胀冷缩的原理，将木条用火烤弯，互相吸合造成酒桶，酒桶大小以350L的容量最合适。装入橡木桶中的酒因进入一部分氧气，会使酒质发生变化，从而引起复杂的化学反应；另外，橡木桶的溶解物质和其中的微生物，对白兰地的老熟和产生酒香影响极大。酒里的酒精也会蒸发一部分，使酒的烈度降低，并且橡木桶的颜色也逐渐渗入酒中，使原本无色的酒变为晶莹的琥珀色，味道也大有改进。

活动二 白兰地酒饮用与服务

白兰地酒常作为开胃酒和餐后酒饮用。通常欧美人习惯把干邑白兰地酒作为开胃酒或餐后酒，而把雅文邑白兰地酒作为餐后酒。白兰地酒常以散杯销售，每杯容量是30ml，常用6oz容量白兰地酒杯盛装。

信息页一 白兰地酒饮用

纯饮白兰地酒，喝时可用手掌握住白兰地杯壁，让手掌温度经过酒杯稍微暖和一下白兰地酒，使其香味挥发，充满整个酒杯，边闻边喝，才能真正享受饮用白兰地酒的奥妙。另外，饮用白兰地酒时，调酒师会单独奉上一杯冰水，其作用是：每喝完一小口白兰地，喝一口冰水，用以清新味觉，使下一口白兰地的味道更加香醇。

白兰地的饮用方法多种多样，可作消食酒，可作开胃酒，对于具有绝妙香味的白兰地来说，无论怎样饮用都可以。究竟如何饮用，随各人习惯和喜好而异。一般来说，不同档次的白兰地，采用不同的饮用方法，可以收到更好的效果。

例如：XO级白兰地，是在小木桶里经过十几个春夏秋冬储藏陈酿而成，是酒中的珍品和极品，这种白兰地最好的饮用方法是什么都不掺，原浆原味更能体会到这种酒艺术的精髓和灵魂。

有些白兰地储存年限短，如VO级白兰地或VS级白兰地，只有3～4年的酒龄，如果直接饮用，难免有酒精的刺口辣喉之感，而掺兑矿泉水或冰块饮用，既能使酒精浓度得到充分稀释，减轻刺激，又能保持白兰地风味不变，此种方法已被广泛采用。

信息页二　白兰地酒服务(如表2-1-3所示)

表2-1-3　白兰地酒服务

<table>
<tr><th colspan="2">服务项目</th><th>服务标准</th></tr>
<tr><td colspan="2">饮用场合</td><td>餐前或餐后饮用</td></tr>
<tr><td colspan="2">饮用标准量</td><td>纯饮25～30ml单份</td></tr>
<tr><td colspan="2">饮用杯具</td><td>白兰地杯</td></tr>
<tr><td rowspan="4">服务方法</td><td>纯饮</td><td>将白兰地倒入专用杯(大肚球形杯)中。喝时用手掌握住白兰地杯壁，让手掌温度经过酒杯稍微温一下白兰地，使其香味挥发，充满整个酒杯，边闻边喝，才能真正享受饮用白兰地酒的奥妙</td></tr>
<tr><td>加冰饮用</td><td>杯中放入3～4块冰，然后将1oz白兰地酒倒入其中</td></tr>
<tr><td>兑饮</td><td>先将4块冰块放入高杯或海波杯中，然后倒入1oz白兰地酒，再倒入冷藏苏打水或果汁，至8分满，用吧匙轻轻搅拌，送至顾客面前</td></tr>
<tr><td>调制</td><td>根据配方调配各种鸡尾酒</td></tr>
</table>

知识链接　**白兰地酒杯的选择**

品尝或饮用白兰地所用酒杯，最好是郁金香花形高脚杯。这种杯形，能使白兰地的芳香成分缓缓上升。品尝白兰地时，斟酒不能太满，至多不超过杯容量的1/4，要让杯子留出足够的空间，使白兰地的芳香在此萦绕不散。这样才能使品尝者对白兰地酒的长短不同、强弱各异、错落有致的各种芳香成分，进行仔细分析和鉴赏。

任务单　白兰地酒服务

以小组为单位，根据客人的不同需求进行白兰地酒服务的练习。

任务评价

<table>
<tr><th rowspan="2">评价项目</th><th rowspan="2">具体要求</th><th colspan="4">评价</th></tr>
<tr><th>😊</th><th>😐</th><th>☹</th><th>建议</th></tr>
<tr><td rowspan="5">白兰地酒服务</td><td>1. 白兰地酒准备</td><td></td><td></td><td></td><td rowspan="5"></td></tr>
<tr><td>2. 白兰地酒标志识别</td><td></td><td></td><td></td></tr>
<tr><td>3. 人头马路易十三介绍</td><td></td><td></td><td></td></tr>
<tr><td>4. 白兰地酒饮用方法</td><td></td><td></td><td></td></tr>
<tr><td>5. 白兰地酒服务</td><td></td><td></td><td></td></tr>
</table>

（续表）

<table>
<tr><th rowspan="2">评价项目</th><th rowspan="2">具体要求</th><th colspan="4">评价</th></tr>
<tr><th></th><th></th><th></th><th colspan="2">建议</th></tr>
<tr><td rowspan="4">学生自我评价</td><td>1. 原料、器具准备</td><td></td><td></td><td></td><td rowspan="4" colspan="2"></td></tr>
<tr><td>2. 服务手法</td><td></td><td></td><td></td></tr>
<tr><td>3. 积极参与</td><td></td><td></td><td></td></tr>
<tr><td>4. 协作意识</td><td></td><td></td><td></td></tr>
<tr><td rowspan="4">小组活动评价</td><td>1. 团队合作良好，都能礼貌待人</td><td></td><td></td><td></td><td rowspan="4" colspan="2"></td></tr>
<tr><td>2. 工作中彼此信任，互相帮助</td><td></td><td></td><td></td></tr>
<tr><td>3. 对团队工作都有所贡献</td><td></td><td></td><td></td></tr>
<tr><td>4. 对团队的工作成果满意</td><td></td><td></td><td></td></tr>
<tr><td>总计</td><td></td><td>个</td><td>个</td><td>个</td><td>总评</td><td></td></tr>
<tr><td colspan="2">在白兰地酒服务中，我的收获是：</td><td colspan="5"></td></tr>
<tr><td colspan="2">在白兰地酒服务中，我的不足是：</td><td colspan="5"></td></tr>
<tr><td colspan="2">改进方法和措施有：</td><td colspan="5"></td></tr>
</table>

工作情境

当夜幕降临，酒吧灯火摇曳，人们纷纷走进钟情的酒吧，放松劳累的心情，品赏着杯中最爱，此时的酒吧正以独特的方式展示着它的魅力。提到威士忌，自然而然会想到苏格兰。苏格兰威士忌驰名世界，在酒吧里赢得的点击率相当高。威士忌富有多样的个性：熏烤味道浓郁的Bourbon Whiskey(波本威士忌)；静如处子、动如脱兔的Tennessee Whiskey(田纳西威士忌)；层次、口感多元化的Scotch Whisky(苏格兰威士忌)；辛辣青涩的Irish Whiskey(爱尔兰威士忌)；以及柔和至极的Canadian Whisky(加拿大威士忌)。威士忌多变的口味令老饕们沉迷其中，爱不释手。酒吧开业后，客人陆续光临，作为酒吧服务员应该怎样为客人服务呢？

具体工作任务

- 了解苏格兰威士忌的主要生产区域，熟悉其分类和特点，掌握知名品牌；
- 了解美国威士忌的主要原料，熟悉其分类和特点，掌握知名品牌；
- 熟悉爱尔兰、加拿大、日本威士忌的分类和特点，掌握知名品牌；
- 掌握威士忌的饮用和服务方法。

活动一　威士忌酒服务准备

无论在哪家酒吧，品牌最多的一定是威士忌。因为其产地较多，分布较广，可以满足不同口味客人的喜好。一般酒吧会有二三十瓶产地、价格不同的威士忌，档次高一些的酒吧会有数量更多、品牌更丰富的威士忌。

这种酒有着淡淡的烟熏味、沉重的麦芽香、浓厚的橡木香，入口甜美，酒度在40%～43%之间，英文名称为Whiskey或Whisky。美国威士忌、爱尔兰威士忌使用Whiskey一词，苏格兰威士忌、加拿大威士忌、日本威士忌使用Whisky一词。威士忌属于6大烈酒之一。

信息页一　苏格兰威士忌

苏格兰威士忌为何受到全世界威士忌迷的宠爱？主要原因在于，苏格兰威士忌拥有全世界最多元的产区与世界上最多的蒸馏场。苏格兰威士忌产区可分为：高地区(Highland)、低地区(Lowland)、斯佩赛区(Speyside)、艾雷岛区(Islay)和坎培城(Campbeltown)。

苏格兰威士忌品种繁多，按原料和酿造方法不同，可分为3大类：纯麦芽威士忌、谷物威士忌和兑和威士忌。目前世界范围内销售的威士忌酒绝大多数都是兑和威士忌酒。苏格兰兑和威士忌的常见包装容量在700～750ml之间。

纯麦芽威士忌是以在露天泥煤上烘烤的大麦芽为原料，用罐式蒸馏器蒸馏，装入特制的木桶(由美国的一种白橡木制成，内壁需要经火烤炙后使用)中进行陈酿，装瓶前再用水稀释。

苏格兰威士忌必须陈酿5年以上方可饮用，普通成品酒需储存7～8年，上品威士忌需储存10年以上。通常储存15～20年的威士忌是最优质的，此种酒的酒色、香味均是上乘的。储存超过20年的威士忌，酒质会逐渐变坏，但装瓶以后，则可保持酒质永久不变。

苏格兰威士忌具有独特的风格，色泽棕黄带红，气味焦香，略带烟熏味，口感干冽、醇厚、劲足、圆正、绵柔。

1. 苏格兰纯麦芽(Pure Malt)威士忌名品(如图2-2-1～图2-2-3所示)

图2-2-1　格兰菲蒂切12年(Glenfiddich)

图2-2-2　格兰菲蒂切15年(Glenfiddich)

图2-2-3　格兰菲蒂切18年(Glenfiddich)

2. 普通威士忌(Standard Whisky)名品(如图2-2-4～图2-2-7所示)

图2-2-4　红方威(Johnnie Walker Red Lable)

图2-2-5　白马威(White Horse)

图2-2-6　珍宝威(J and B)

图2-2-7　顺风威(Cutty Sark)

3. 高级威士忌(Premium Whisky)名品(如图2-2-8～图2-2-15所示)

图2-2-8　黑方威(Johnnie Walker Black Lable)

图2-2-9　绿方威(Johnnie Walker Green Lable)

图2-2-10　金方威(Johnnie Walker Gold Lable)

图2-2-11　蓝方威(Johnnie Walker Blue Lable)

图2-2-12　芝华士12年(Chivas Regal)

图2-2-13　皇家礼炮(Chivas Regal Royal Salute)

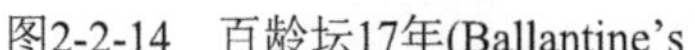
图2-2-14　百龄坛17年(Ballantine's)

图2-2-15　百龄坛特醇(Ballantine's Finest)

任务单一　认识苏格兰威士忌品牌

根据品牌填写表格。

酒品图片	品牌	产地	酒度	酒品简介

(续表)

酒品图片	品牌	产地	酒度	酒品简介

信息页二 爱尔兰威士忌

爱尔兰威士忌(Irish Whiskey)是一种只在爱尔兰地区生产，以大麦芽与谷物为原料经过蒸馏所制造的威士忌。

爱尔兰威士忌是以80%的大麦为主要原料，制作材料与苏格兰威士忌差异并不大，使用壶式蒸馏器经3次蒸馏，然后入桶陈酿8～15年，成熟度较高，口感比较绵柔，且略带甜味，酒度40%。爱尔兰威士忌在熏麦芽时所用的不是泥煤而是无烟煤，因此在口味上没有烟熏味道。爱尔兰威士忌口味比较醇和、适中，很少用于净饮，一般用作鸡尾酒的基酒。著名的爱尔兰威士忌产品有：John Jameson(尊美醇，如图2-2-16所示)、Bushmills(布什米尔)、Tullamore Dew(特拉莫尔露)、Paddy(帕蒂)等。

图2-2-16 尊美醇威士忌

信息页三 美国威士忌

虽然美国酿造威士忌酒仅有200多年的历史，但其产品紧跟市场需求，产品类型不断翻新，因此很受人们欢迎。美国威士忌酒的酿制方法并无特殊之处，只是所用谷物原料与其他各类威士忌酒有所区别，蒸馏出的酒，酒精纯度也较低。美国西部的宾夕法尼亚州、肯塔基和田纳西地区是制造威士忌的中心。

一、美国威士忌的分类

1. 单纯威士忌(Straight Whiskey)

单纯威士忌所用原料为玉米、黑麦、大麦或小麦，酿制过程中不混合其他威士忌酒或者谷类中性酒精，制成后需放入炭熏过的橡木桶中至少陈酿2年。另外，所谓单纯威士忌，并不像苏格兰纯麦芽威士忌那样，只用一种大麦芽制成，而是以某一种谷物为主(一般不得少于51%)再加入其他原料。单纯威士忌可以分为4类。

(1) 波本威士忌(Bourbon Whiskey)

波本是美国肯塔基州一个市镇的地名，现在成为美国威士忌酒一个类别的总称。波本威士忌酒的原料是玉米、大麦等，其中玉米至少占原料用量的51%，最多不超过75%，经过发酵蒸馏后装入新的炭烧橡木桶中陈酿4年，陈酿时间最多不能超过8年，装瓶前要用蒸馏水稀释至43.5%左右才能出品。波本威士忌酒的酒液呈琥珀色，晶莹透亮，酒香浓郁，口感醇厚、绵柔，回味悠长。其中尤以肯塔基州出产的产品最有名，价格也最高。另外，目前在伊利诺伊州、俄亥俄州、宾夕法尼亚州、田纳西州、密苏里州、印第安纳州等地有生产。

(2) 黑麦威士忌(Rye Whiskey)

黑麦威士忌也称裸麦威士忌，是用不得少于51%的黑麦和其他谷物酿制而成的，酒液呈琥珀色，味道与波旁威士忌不同，口感较为浓郁。

(3) 玉米威士忌(Corn Whiskey)

玉米威士忌是用不得少于80%的玉米和其他谷物酿制而成的威士忌酒，酿制完成后用旧炭木桶进行陈酿。

(4) 保税威士忌(Bottled in Bond)

保税威士忌是一种纯威士忌，通常是波本威士忌或黑麦威士忌，它是在美国政府监督下制成的，政府不保证它的品质，只要求至少陈酿4年，酒精纯度在装瓶时为50%，而且必须是一个酒厂制造，装瓶厂也为政府所监督。

2. 混合威士忌(Blended Whiskey)

混合威士忌是指用一种以上的单一威士忌，同20%的中性谷类酒精混合而成的威士忌酒，装瓶时酒度为40%。常用来作为混合饮料的基酒，分为以下3种。

(1) 肯塔基威士忌：是用该州所出的纯威士忌酒和谷类中性酒精混合而成的。

(2) 纯混合威士忌：是用两种以上纯威士忌混合而成，不加谷类中性酒精。

(3) 美国混合淡质威士忌：是美国一个新酒种，用不得多于20%的纯威士忌和40%的淡质威士忌混合而成。

3. 淡质威士忌(Light Whiskey)

淡质威士忌是美国政府认可的一种新威士忌酒，蒸馏时酒度高达80.5%～94.5%，用旧桶陈酿。淡质威士忌中所加的50%纯威士忌不得超过20%。

美国还有一种称为Sour-Mash Whiskey(酸麦芽威士忌)的酒，是将老酵母加入要发酵的原料里(新酵母与老酵母的比例为1∶2)进行发酵，然后再蒸馏而成。用此种发酵方法造出的酒液比较稳定，多用于波本酒的生产。

二、美国威士忌名品(如图2-2-17～图2-2-20所示)

图2-2-17　占边(Jim Beam)

图2-2-18　四玫瑰(Four Roses)

图2-2-19　野火鸡(Wild Turkey)

图2-2-20　杰克丹尼(Jack Daniel’s)

任务单二　试一试

根据品牌填写表格。

酒品图片	品牌	产地	酒度	酒品简介
 JIM BEAM				
 FOUR ROSES BOURBON				
 WILD TURKEY RYE				
 JACK DANIEL'S				
 JAMESON				

知识链接　威士忌酒的储藏

威士忌酒的酿制是将上等的大麦浸于水中，使其发芽，再用木炭烟将其烘干，经发酵、蒸馏、陈酿而成。储存时间最少3年，也有多至15年以上的。造酒专家认为：劣质酒陈年再久也不会变好，因此，经二次蒸馏过滤的原威士忌，必须经酿酒师鉴定合格后，才可放入酒槽，注入炭黑橡木桶里储藏酝酿。橡木本身的成分及透过橡木桶进入桶内的空气，会与威士忌发生作用，使酒中不洁之物得以澄清，口味更加醇化，产生独一无二的酒香味，并且会使酒染上焦糖般的颜色。所有威士忌都具有相同的特征：略带微妙的烟草味。大多数威士忌在蒸馏时，酒精纯度高达140～180Proof，装瓶时稀释至80～86Proof，这时酒的陈年作用便自然消失了，也不会因时间的长短而使酒的质量有所改变。

威士忌大多是用麦芽酿造的。直至1831年才诞生了用玉米、燕麦等其他谷类所制的威士忌。1860年，威士忌酿造又出现了一个新的转折点，人们学会了用掺杂法来酿造威士忌。威士忌因原料和酿制方法不同可分为麦芽威士忌、谷物威士忌、五谷威士忌、裸麦威士忌和混合威士忌。

信息页四 加拿大威士忌

加拿大威士忌(Canadian Whisky)，是一种只在加拿大制造的清淡威士忌，酒度45%。几乎所有的加拿大威士忌都属于调和式威士忌，以连续式蒸馏制造出来的谷物威士忌为主体，再以壶式蒸馏器制造出来的裸麦威士忌增添其风味与颜色。由于连续式蒸馏的威士忌酒通常比较清淡，甚至很接近伏特加之类的白色烈酒，因此，加拿大威士忌号称“全世界最清淡的威士忌”。

加拿大威士忌在蒸馏完成后，需要装入全新的美国白橡木桶或二手波本橡木桶中陈酿超过3年才可以售卖，酒体色泽棕黄，口感清淡温和。目前，加拿大威士忌是用裸麦和谷物威士忌来调配的，口味清淡，很受现代人喜爱。

加拿大生产威士忌酒已有200多年的历史，其著名产品是裸麦(黑麦)威士忌酒和混合威士忌酒。在裸麦威士忌酒中，裸麦(黑麦)是主要原料，占51%以上，再配以大麦芽及其他谷类组成，此酒经发酵、蒸馏、勾兑等工艺，并在白橡木桶中陈酿至少3年(一般4～6年)才能出品。该酒口味细腻，酒体轻盈淡雅，酒度40%以上，特别适合作为混合酒的基酒使用。加拿大威士忌酒在原料、酿造方法及酒体风格等方面与美国威士忌酒比较相似，其著名品牌如图2-2-21～图2-2-23所示。

图2-2-21　加拿大俱乐部
(Canadian Club)

图2-2-22　施格兰特酿
(Seagram's V.O)

图2-2-23　皇冠
(Crown Royal)

信息页五 日本威士忌

日本威士忌的发展有80多年的历史，已经成为世界5大威士忌产区之一。它的特点比较接近苏格兰威士忌，以两次壶式蒸馏为主，同时有稍轻的烟熏味道。依酿制方法可分为麦芽威士忌(Malt whisky)和谷物威士忌(Grain whisky)。日本威士忌是在麦芽威士忌或谷物威士忌中掺入酒精或其他烈性酒。详细分类如下。

(1) 单一麦芽威士忌(Single Malt)，代表品牌有三得利(Suntory)公司生产的Hakushu和Yamazaki；Toa公司生产的Chichib；Mercian公司生产的Karuizawa；Nikka公司生产的Miyagikyou和Yoichi等。

(2) 纯麦威士忌(Vatted Malt)，代表品牌有All Malt、Malt Club、Pure Malt Black、Pure Malt Red、Pure Malt White、Taketsuru等。

(3) 谷物威士忌(Grain Whisky)，代表品牌有Nikka公司生产的Nikka系列。

(4) 调和威士忌(Blend Whisky)，代表品牌有Black Nikka、Hibiki、Kakubin、Suntory等。

常见品牌如图2-2-24～图2-2-29所示。

图2-2-24 山崎12年

图2-2-25 三得利老牌威士忌

图2-2-26 三得利“洛雅”12年威士忌

图2-2-27 三得利威士忌(响) Hibiki17年

图2-2-28 三得利威士忌(响) Hibiki21年

图2-2-29 三得利威士忌(响) Hibiki30年

任务单三　试一试

根据品牌填写表格。

酒品图片	品牌	产地	酒度	酒品简介
 Canadian Club WHISKY				
 Seagram's VO CANADIAN				
 Crown Royal				
 山崎 12				
 ROYAL 12				

活动二　威士忌酒饮用与服务

提起威士忌最容易使人想起苏格兰威士忌。位于英国大不列颠本岛北方的苏格兰，肥沃的红土壤，橡木桶内酝酿的威士忌缓慢纯化……“Scotch”已成为苏格兰威士忌的代名词。当客人向服务员高喊“Give me Scotch”时，千万别以为他想要整个苏格兰，其实他只想要一杯苏格兰威士忌。

信息页一 威士忌酒饮用

随便挑一个酒吧，向酒保请教一下威士忌的喝法，得到的答案一定很多样——绿茶、可乐、干姜水、红牛都可以用来兑威士忌。有些人喜欢只加冰块，在酒吧里，“Whisky on the rock”(威士忌加冰)已经成为酒吧使用频率最高的话了。

最近，甚至有人用王老吉兑威士忌。任何流行的饮料都能与威士忌结合——这一点对于一些坚持只加矿泉水，甚至不做任何稀释的威士忌纯粹主义者而言简直是一种亵渎。

然而任何一个品牌的经销商，乃至品牌大使都不会反对这些独出心裁的做法。百龄坛(Ballantine’s)威士忌品牌传承总监Bill Bergius就非常亲切地表示：“在中国，我愿意入乡随俗。无论加入水、茶还是可乐，你都仍能闻到威士忌原有的香味。”

特别对许多初次接触威士忌的人来说，苏格兰威士忌会让人们联想起烟灰和烟蒂。不过，威士忌的口感讲究的正是从烟熏般的感觉向柔滑香醇的过渡。

信息页二 威士忌酒服务(如表2-2-1所示)

表2-2-1　威士忌酒服务

服务项目		服务标准
饮用场合		餐前、餐后和休闲时饮用
饮用标准量		纯饮40ml单份
饮用杯具		古典杯或威士忌酒杯
服务方法	纯饮	将威士忌直接倒入古典杯或威士忌酒杯中
	加冰饮用	杯中放入4～5块冰，然后将威士忌倒入其中
	兑饮	选用柯林杯随喜好混合各种汽水、矿泉水、果汁，都是很特别的组合
	调制	根据酒方调配各种鸡尾酒

任务单　练习威士忌酒服务

以小组为单位，根据客人的不同需求进行威士忌酒服务的练习。

任务评价

<table>
<tr><th rowspan="2">评价项目</th><th rowspan="2">具体要求</th><th colspan="5">评价</th></tr>
<tr><th></th><th></th><th></th><th colspan="2">建议</th></tr>
<tr><td rowspan="6">威士忌酒服务</td><td>1. 威士忌酒服务准备</td><td></td><td></td><td></td><td colspan="2" rowspan="6"></td></tr>
<tr><td>2. 苏格兰威士忌酒标识别</td><td></td><td></td><td></td></tr>
<tr><td>3. 美国、爱尔兰威士忌酒标识别</td><td></td><td></td><td></td></tr>
<tr><td>4. 其他威士忌酒标识别</td><td></td><td></td><td></td></tr>
<tr><td>5. 威士忌饮用方法</td><td></td><td></td><td></td></tr>
<tr><td>6. 威士忌酒服务</td><td></td><td></td><td></td></tr>
<tr><td rowspan="4">学生自我评价</td><td>1. 原料、器具准备</td><td></td><td></td><td></td><td colspan="2" rowspan="4"></td></tr>
<tr><td>2. 服务手法</td><td></td><td></td><td></td></tr>
<tr><td>3. 积极参与</td><td></td><td></td><td></td></tr>
<tr><td>4. 协作意识</td><td></td><td></td><td></td></tr>
<tr><td rowspan="4">小组活动评价</td><td>1. 团队合作良好，都能礼貌待人</td><td></td><td></td><td></td><td colspan="2" rowspan="4"></td></tr>
<tr><td>2. 工作中彼此信任，互相帮助</td><td></td><td></td><td></td></tr>
<tr><td>3. 对团队工作都有所贡献</td><td></td><td></td><td></td></tr>
<tr><td>4. 对团队的工作成果满意</td><td></td><td></td><td></td></tr>
<tr><td>总计</td><td></td><td>个</td><td>个</td><td>个</td><td>总评</td><td></td></tr>
<tr><td colspan="2">在威士忌酒服务中，我的收获是：</td><td colspan="5"></td></tr>
<tr><td colspan="2">在威士忌酒服务中，我的不足是：</td><td colspan="5"></td></tr>
<tr><td colspan="2">改进方法和措施有：</td><td colspan="5"></td></tr>
</table>

任务三 金酒服务

工作情境

经常出入酒吧的女士一般衣着都比较讲究，配饰和服装的搭配也是恰到好处，鸡尾酒中的红粉佳人很受她们的青睐。淡粉诱人的酒体，芳香至醇的酒香，配以具有曲线美的高脚杯以及娇艳欲滴的红樱桃，入口润滑，适宜四季饮用。如果你接待了这样的客人，知道用哪种金酒为她们服务吗？

具体工作任务

- 了解金酒主要生产区域；
- 了解金酒的分类和特点；
- 掌握金酒知名品牌；
- 掌握金酒的饮用和服务方法。

活动一 金酒服务准备

金酒浓郁的杜松子香气，给品过这类酒的客人们留下了深刻印象。以金酒为基酒的鸡尾酒在国际上享有盛名：红粉佳人、金汤力、金菲斯等。接下来，我们就来一睹金酒的风采，为提供金酒服务打好基础。

信息页一 人们眼中的金酒

金酒(Gin)在世界范围内广泛流行，以至于拥有各种各样、五花八门的名字。固守传统的荷兰人习惯称之为“Gellever”，而英国人则更喜欢用“Hollamds”或“Genova”来称呼它，常见的还有德国的“Wacholder”、法国的“Genevieve”、比利时的“Jenevers”等。在我国的香港、广东以及台湾等地区，又把金酒称为“毡酒”或是“琴酒”。除了“金酒”这一名称外，“杜松子酒”也是世界上较为流行的叫法。之所以会被命名为杜松子酒，其中最根本的原因就在于它的怡人香气确实是主要来自具有利尿作用的杜松子。

通常，金酒不用陈酿，但也有厂家将原酒放到橡木桶中陈酿，使酒液略带金黄色，酒度一般在35%～55%之间，酒度越高，其质量就越好。它的主要生产国有英格兰、荷兰、加拿大、美国、巴西、日本和印度等。时至今日，闻名世界的金酒品牌多数仍是出自那些历史悠久的传统生产国，荷式金酒、英式金酒以及后来紧随其上的美国金酒在很多方面呈现出各自不同的特色。

信息页二　荷式金酒

荷兰始终在金酒产业领域排名第一。荷兰人现在仍以金酒而自豪：如果你问荷兰人什么是荷兰国酒，他马上会想到金酒。

荷式金酒被称为杜松子酒，是货真价实的金酒。它的发明人荷兰利顿大学的教授Sylvius(西尔维斯)采用大麦、麦芽、玉米等为原料，经糖化、发酵后，放入单式蒸馏酒器中蒸馏，然后再将杜松子果与其他香草类加入蒸馏酒器中，重新用单式蒸馏酒器做第二次蒸馏，这种方法制造出来的酒除香气浓郁外，还带有麦芽香味。还有一种酿造方法是以大麦芽与裸麦等为主要原料，配以杜松子酶为调香材料，经发酵后蒸馏3次获得的谷物原酒，然后加入杜松子香料再蒸馏，最后将蒸馏而得的酒储存于玻璃槽中待其成熟，包装时再稀释装瓶。

荷式金酒色泽透明清亮，酒香味突出，香料味浓重，辣中带甜，风格独特，酒度52%左右，主要产区集中在斯希丹(Schiedam)一带。知名品牌有：波尔斯(Bols，如图2-3-1所示)、波克马(Bokma，如图2-3-2所示)、汉斯(Henkes)等。荷式金酒由于味道浓重，初饮者需要花点时间来适应它。在大多数情况下，荷式金酒不被用来调制鸡尾酒，而是纯饮或加冰，否则会破坏配料的平衡香味，当然它也有媚人之处。荷式金酒有两种，即Oude(young)和Jonge(old)，后者需要陈酿熟化一年，这种工序叫增陈，受其法律约束，在国家监督管理下于橡木桶中进行。

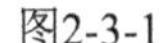

图2-3-1

图2-3-2

荷式金酒在装瓶前不可储存过久，以免杜松子氧化而使味道变苦；装瓶后则可以长时间保存而质量不变。荷式金酒常装在长形陶瓷瓶中出售。

知识链接 **杜松子添加方法**

杜松子添加方法有许多种，一般是将其包于纱布中，挂在蒸馏器出口部位。蒸酒时，其味便串于酒中，或者将杜松子浸于绝对中性的酒精中，一周后再回流复蒸，将其味蒸于酒中。有时还将杜松子压碎成小片状，加入酿酒原料中，进行糖化、发酵、蒸馏，以得其味。有的国家和酒厂会配合其他香料来酿制金酒，如荽子、豆蔻、甘草、橙皮等。对于精确配方，厂家一向是保密的。传入美国后，则被大量使用在鸡尾酒调制上。

信息页三 英式金酒

金酒通常被看作一种典型的英国蒸馏酒，一种在艳舞酒会上或者遥远的英国苏塞克斯郡(Sussex)单身女性狂欢时喝的酒。

1769年，作为金酒历史上最为显赫的代表人物阿历山大•哥顿，在伦敦创办了他的第一家金酒厂。经过不懈地研究与实践，他最终调制出了香味独特的哥顿金酒(口感滑润、酒味芳香的伦敦干酒)。此后的哥顿金酒开始逐步走向辉煌，如今更是以平均每秒钟卖出4瓶的骄人纪录成为销售量世界第一的金酒。

英式金酒的生产过程比荷式金酒简单，是用75%的玉米、15%的大麦芽、10%的其他谷物，然后搅碎、加热、发酵，与酿造威士忌差不多，完全发酵后的谷物蒸馏出酒度很高的酒精，汁再用连续蒸馏器来蒸馏。蒸馏商认为按照此比例蒸馏出的金酒更加顺滑。蒸馏出的酒含180～188Proof，加上蒸馏水后，降低到120Proof，然后在金酒蒸馏器中加上香料再蒸。蒸馏方法是酿造金酒的一种艺术，各种金酒的味道不同，也是由于其材料种类与成分不同的缘故。

金酒酒液无色透明，气味奇异清香，口感醇美爽适， 既可单饮，也可与其他酒混合配制或作为鸡尾酒的基酒，深受世人喜爱。英式金酒，属淡体金酒，意思是指不甜，不带原体味，口味与其他酒相比，比较淡雅。此外，因为干味金酒集中地代表了英式金酒的全部风味特征，所以英式金酒又被俗称为伦敦干金酒，以至于英国上议院还专门为英式干金酒制定了诸如Dry Gin、Extra Dry Gin、Very Dry Gin、London Dry Gin以及English Dry Gin等象征着地位与荣耀的记号性商标。常见金酒品牌如图2-3-3～图2-3-9所示。

图2-3-3　添加利金酒(Tanqueray)

图2-3-4　百斯福伦敦金酒(Bosford Gin)

图2-3-5　歌顿金酒(Gordon's)

图2-3-6　比菲特金酒(Beefeater)

图2-3-7　健尼路金酒(Greenall's)

图2-3-8　蓝宝石金酒(Bombay Dry Gin)

图2-3-9　钻石金酒(Gilbey's)

知识链接

添加利金酒的来历

1898年，哥顿公司与查尔斯·添加利合作，成立添加利哥顿公司。添加利金酒是金酒中的极品名酿，浑厚干烈，具有独特杜松子香味，现为美国著名进口金酒之一，并广受世界各地人士赞誉。

添加利金酒是唯一一种用“一次通过”蒸馏方法酿制而成的金酒。这种方法能使植物的真正口感得以释放出来。

信息页四 美国金酒

美国金酒(American Gin)与英式金酒所使用的原料和蒸馏方法大致一样，但是美国法律规定美国金酒要采用100%的中性酒精溶液，也就是说，美国金酒味道会更纯净、清脆，但是却没有了英式金酒的麦芽香味和复杂感。

美国金酒为淡金，与其他金酒相比，它要在橡木桶中陈酿一段时间。美国金酒主要有蒸馏金酒(Distiled Gin)和混合金酒(Mixed Gin)两大类。通常情况下，其产品分成两级，瓶底有突出的“D”字者，表示蒸馏而成，有“R”字者表示精馏而成。在瓶底部有“D”字，这是美国蒸馏金酒的特殊标志。混合金酒是用食用酒精和杜松子简单混合而成的，很少用于单饮，多用于调制鸡尾酒。

信息页五 其他国家的金酒

金酒的主要产地除荷兰、英国、美国以外，还有德国、法国、比利时等国家。德国金酒，当地政府规定必须采用3次蒸馏的中性酒精溶液、杜松子和纯净水蒸馏酿造，但由于产量有限，在本国以外的地方比较少见。

干金酒中有一种叫Sloe Gin金酒，它不能称为杜松子酒，因为它所用的原料是一种野生李子——黑刺李。Sloe Gin习惯上可以称为“金酒”，但要加上“黑刺李”，称为“黑刺李金酒”。

比较常见和有名的金酒有：辛肯哈根Schinkenhager(德国)、布鲁克人Bruggman(比利时)、西利西特Schlichte(德国)、菲利埃斯Filliers(比利时)、多享卡特Doornkaat(德国)、弗兰斯Fryns(比利时)、克丽森Claessens(法国)、海特Herte(比利时)、罗斯Loos(法国)、康坡Kampe(比利时)、拉弗斯卡德Lafoscade(法国)、万达姆Vanpamme(比利时)、布苓吉维克Brinevec(南斯拉夫)等。

知识链接

金酒的分类

金酒按口味风格可分为辣味金酒(干金酒)、老汤姆金酒(加甜金酒)、荷兰金酒和果味金酒(芳香金酒)4种。辣味金酒质地较淡、清凉爽口，略带辣味，酒度在80～94Proof；老汤姆金酒是在辣味金酒中加入2%的糖分，使其带有怡人的甜辣味，产自加拿大；荷式金酒除了具有浓烈的杜松子气味外，还具有麦芽的芬芳，酒度通常在100～110Proof；果味金酒是在干金酒中加入成熟的水果和香料，如柑橘金酒、柠檬金酒、姜汁金酒等。

任务单　试一试

一、根据品牌填写表格。

酒品图片	品牌	产地	酒度	酒品简介

(续表)

酒品图片	品牌	产地	酒度	酒品简介
GILBEY'S GIN				

二、以小组为单位，制作展示哥顿金酒的演示文稿。

知识链接

辨别洋酒的真假

按有关规定要求，洋酒标签上要有中文标识及卫生检验检疫章。因此，没有这些标识及章的洋酒可能是假酒。真品标签字迹清楚、轮廓好，假酒标签字迹模糊、不规则；真品液体呈金黄色、透亮，假酒液体则暗淡、光泽差。

真品瓶盖上的金属防伪盖与瓶盖是连为一体的，而假酒的防伪盖却是粘上去的；真品防伪标志在不同角度下可出现不同的图案变换，防伪线可撕下来，而假酒防伪标志无光泽，图案变换不明显，防伪线是印上去的；真品金属防伪盖做工严密，塑封整洁，光泽好，而假酒瓶盖做工粗糙，塑封材质不好，偏厚，光泽差，商标模糊，立体感差。

专家举例：如芝华士，瓶盖上有两个小孔，真品都是打穿的，如果看到的是实心小孔，八成是假酒；黑牌威士忌的鉴别也很简单，用手摸瓶盖，有凸起感觉的可能是假的。

活动二 金酒饮用与服务

金酒由于其特殊的芳香味道，受到很多爱好者的追捧，为了能让客人更好地品饮金酒，需要熟悉金酒的饮用习惯和服务方式。

信息页一 金酒饮用

说到金酒的饮用方法，堪称多种多样。在东印度群岛一带，比较流行的做法是在饮用前用苦精(Bitter)洗杯，然后再注入荷式金酒，大口快饮，痛快淋漓，据说还具有开胃的功效。如果饮后再喝上一杯冰水，那种感觉就更是美不胜言。荷式金酒的味道是辣中带甜，它基本上是用大麦芽做的，其味道来自杜松子。荷兰是唯一有专卖金酒酒店的国家，饮用金酒无论是纯的还是冰过或加上冰块，都很爽口。如果加冰块后再配以一片柠檬，就是如今享誉世界的著名饮品“干马天尼”(Dry Martini)的最好代用品了。

金酒酒液无色透明，气味奇异清香，口感醇美爽适，既可单饮，也可与其他酒混合配制，同时它也是近百年来调制鸡尾酒时最常使用的基酒，其配方多达千种以上，故有人称金酒为鸡尾酒的心脏。

人们还喜欢用郁金香形状的酒杯品尝新酿金酒。啤酒与烈酒混合饮品也极为流行，金酒旁边总会被摆上一杯啤酒。

如今，金酒作为纯饮和加冰饮用比较少，主要是作为混饮使用，常混一些碳酸饮料，例如：苏打水(Soda Water)、汤力水(Tonic Water)和雪碧(Sprite)等。其载杯为海波杯配吸管，并在杯中放入适量的冰块。金酒最多的用途应该是作为鸡尾酒的基酒。作为基酒，金酒是6大基酒中最清香的。事实上，作为基酒的金酒在调制鸡尾酒的过程中往往扮演着极为重要的角色，诸如杜松子螺丝钻、修道院、百慕大、红粉佳人等蜚声国际的鸡尾酒品，更是为金酒带来了无可取代的巨大声名。

信息页二　金酒服务(如表2-3-1所示)

表2-3-1　金酒服务

服务项目		服务标准
饮用场合		餐前或餐后饮用
饮用标准量		纯饮30ml单份
饮用杯具		古典杯或鸡尾酒杯
服务方法	纯饮	饮用时稍微冰镇一下
	加冰饮用	杯中放入4～5块冰，然后将金酒倒入其中
	兑饮	加入汤力水、冰块，以一块柠檬作装饰
	调制	根据酒方调配各种鸡尾酒

信息页三　金酒的5种经典喝法(如表2-3-2所示)

表2-3-2　金酒的5种经典喝法

序号	调制方法	参考图片
方法一	金酒＋汤力水＋冰块＋柠檬。冰块打底，再以1∶3加金酒和汤力水勾兑，最后加入柠檬片，如图2-3-10所示	图2-3-10

（续表）

序号	调制方法	参考图片
方法二	金酒＋干马丁尼＋橄榄，如图2-3-11所示	 图2-3-11
方法三	金酒+雪碧/七喜，如图2-3-12所示	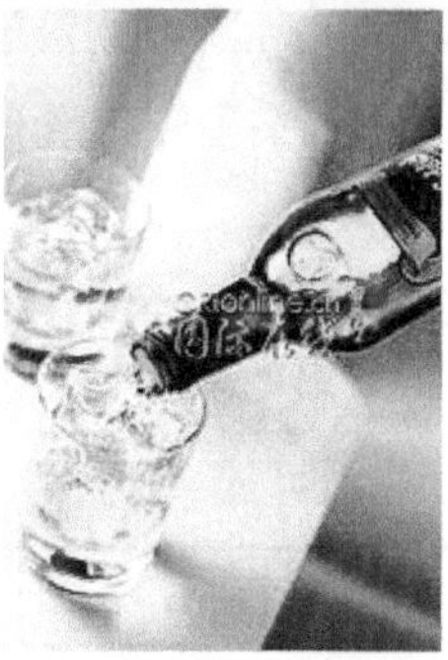 图2-3-12
方法四	金酒(2～3oz)＋苦艾酒(1oz)＋鸡尾酒洋葱。类似于Gin Matini的味道。用洋葱味取代了橄榄味。用Matini酒杯饮用，用盐腌的洋葱作装饰。如图2-3-13所示	 图2-3-13
方法五	金酒＋青柠汁＋菠萝汁，如图2-3-14所示	 图2-3-14

任务单　金酒服务

以小组为单位，根据客人的不同需求进行金酒服务的练习。

任务评价

<table>
<tr><th rowspan="2">评价项目</th><th rowspan="2">具体要求</th><th colspan="5">评价</th></tr>
<tr><th></th><th></th><th></th><th colspan="2">建议</th></tr>
<tr><td rowspan="4">金酒服务</td><td>1. 金酒服务准备</td><td></td><td></td><td></td><td colspan="2" rowspan="4"></td></tr>
<tr><td>2. 金酒酒标识别</td><td></td><td></td><td></td></tr>
<tr><td>3. 金酒饮用方法</td><td></td><td></td><td></td></tr>
<tr><td>4. 金酒服务</td><td></td><td></td><td></td></tr>
<tr><td rowspan="4">学生自我评价</td><td>1. 原料、器具准备</td><td></td><td></td><td></td><td colspan="2" rowspan="4"></td></tr>
<tr><td>2. 服务手法</td><td></td><td></td><td></td></tr>
<tr><td>3. 积极参与</td><td></td><td></td><td></td></tr>
<tr><td>4. 协作意识</td><td></td><td></td><td></td></tr>
<tr><td rowspan="4">小组活动评价</td><td>1. 团队合作良好，都能礼貌待人</td><td></td><td></td><td></td><td colspan="2" rowspan="4"></td></tr>
<tr><td>2. 工作中彼此信任，互相帮助</td><td></td><td></td><td></td></tr>
<tr><td>3. 对团队工作都有所贡献</td><td></td><td></td><td></td></tr>
<tr><td>4. 对团队的工作成果满意</td><td></td><td></td><td></td></tr>
<tr><td>总计</td><td></td><td>个</td><td>个</td><td>个</td><td>总评</td><td></td></tr>
<tr><td colspan="2">在金酒服务中，我的收获是：</td><td colspan="5"></td></tr>
<tr><td colspan="2">在金酒服务中，我的不足是：</td><td colspan="5"></td></tr>
<tr><td colspan="2">改进方法和措施有：</td><td colspan="5"></td></tr>
</table>

任务四 伏特加酒服务

工作情境

刘先生平时经常和俄罗斯人接触，较多地受到俄罗斯生活方式的影响，时常到酒吧去喝上一杯，感受一下异国情调。出于对伏特加酒的极度偏爱，他不光自己去还常带朋友们一起去。看！今天他又和朋友们来到了酒吧。服务员很有礼貌地上前迎接、问好，并引领入座，随即将酒单轻轻送上，刘先生不假思索地点了伏特加酒。

具体工作任务

- 了解伏特加酒主要生产区域；
- 了解伏特加酒的分类和特点；
- 掌握伏特加酒知名品牌；
- 掌握伏特加酒的饮用和服务方法。

活动一 伏特加酒服务准备

伏特加酒有着稳固的消费群体，为了能给客人提供优质的服务，大家一起了解一下给人们带来温暖的伏特加酒的相关知识吧。

信息页一 给人们带来温暖的伏特加酒

伏特加是俄罗斯和波兰的国酒，是北欧寒冷国家十分流行的烈性饮料。起源于14世纪，当时只是上流社会贵族的宠儿，直到1654年乌克兰并入俄罗斯，伏特加酒才在民间流传开来。十多年后，这种清洌醇香、纯净透明的烈性酒点燃了整个俄罗斯。伏特加犹如一场盛大的晚宴，使得每个俄罗斯人都流连其中。

伏特加是英文Vodka的音译，国内常见的酒度为40%左右。其最大特点就是以多种谷物(马铃薯、玉米等)为原料，用重复蒸馏、精炼过滤的方法，除去酒精中所含毒素和其他异物的一种纯净的高酒精浓度饮料。伏特加以其无色、无味、无臭、不甜、不酸、不涩而著名，但是也有一些伏特加酒配以药草或浆果以增加其味道和颜色，没有明显的特性，但很提神。伏特加酒口味烈、酒劲大、刺鼻，由于酒中所含杂质极少，口感纯净，并且可以以任何浓度与其他饮料混合饮用，所以经常用作鸡尾酒的基酒，酒度一般在40%～50%。俄罗斯是生产伏特加酒的主要国家，但在德国、芬兰、波兰、美国、日本等国也都能酿制优质的伏特加酒。特别是在第二次世界大战开始时，由于俄罗斯制造伏特加酒的技术传到了美国，使美国也一跃成为生产伏特加酒的大国之一。

信息页二 俄罗斯伏特加酒

伏特加酒源于俄文的“生命之水”一词当中“水”的发音，约14世纪开始成为俄罗斯传统饮用的蒸馏酒。

俄罗斯伏特加最初以大麦为原料，之后逐渐改用富含淀粉的马铃薯和玉米，制造酒醪和蒸馏原酒并无特殊之处，通过重复蒸馏精心过滤而成。过滤时将精馏而得的原酒，注入白桦活性炭过滤槽中，经缓慢过滤程序，使精馏液与活性炭分子充分接触而净化，将所有原酒中所含的油类、酸类、醛类、酯类及其他微量元素除去，便得到非常纯净的伏特加。很多人误认为伏特加酒一定是一喝即醉的烈性酒，其实，伏特加的酒度在40%～50%，与白兰地、威士忌、金酒差不多，只因国外习惯以酒度40%作为烈性酒的分界线，因此它被视为烈性酒。俄罗斯伏特加酒液透明，除酒香外，几乎没有其他香味，口味凶烈，劲大冲鼻，火一般刺激。俄罗斯伏特加常见品牌如图2-4-1～图2-4-6所示。

图2-4-1　苏联红牌(Stolichnaya)

图2-4-2　苏联绿牌(Moskovskaya)

图2-4-3　五湖伏特加

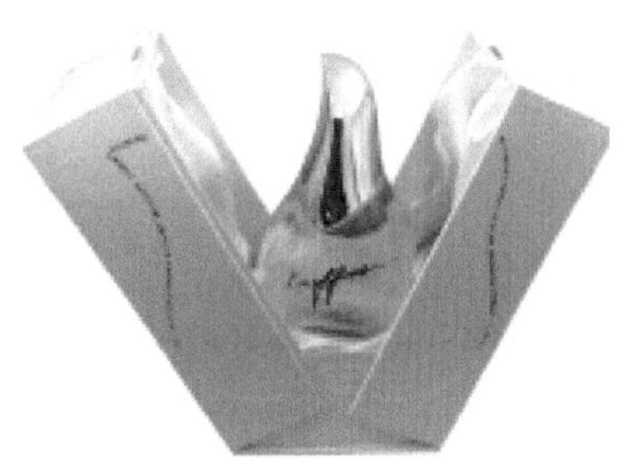

图2-4-4　俄罗斯顶级伏特加——卡夫曼私享豪华收藏

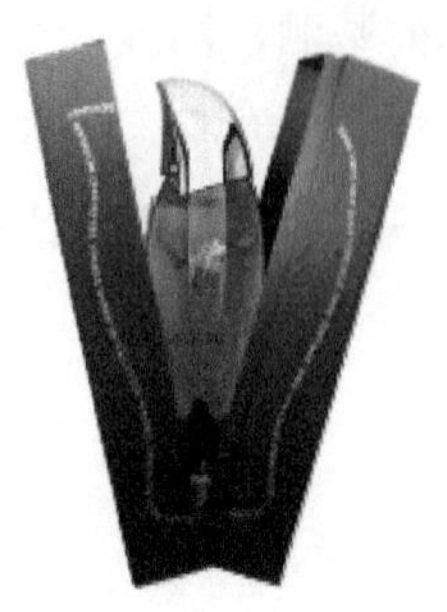

图2-4-5 俄罗斯顶级伏特加——卡夫曼特选　　图2-4-6 俄罗斯顶级伏特加——卡夫曼“代号008”

信息页三 其他国家的伏特加酒

一、波兰伏特加酒

波兰文化，不仅仅是肖邦。波兰人爱音乐，更爱美酒。波兰人离不开伏特加，就像法国人离不开葡萄酒和苏格兰人离不开威士忌一样。敦实的伏特加酒杯盛满了晶莹剔透而甘洌的酒，也盛满了波兰的部分历史。

波兰伏特加酒在全世界享有盛誉，它的酿造工艺与俄罗斯相似，区别只是波兰人在酿造过程中，加入一些草卉、植物果实等调香原料，因此波兰伏特加比俄罗斯伏特加酒体丰富，更富韵味。波兰伏特加知名品牌有：维波罗瓦精品伏特加(Wyborowa，如图2-4-7所示)、牛草伏特加(Zubrowka)、高级伏特加(Luksusowa)和贝尔维德尔伏特加 (Belvedere)等。

图2-4-7

二、瑞典伏特加酒

瑞典伏特加以绝对伏特加酒(Absolut Vodka)为主要代表酒。每瓶绝对伏特加都产自瑞典南部的一个小镇，那里特产的冬小麦赋予了绝对伏特加优质细滑的谷物特征。几个世纪的经验已经证实，绝对伏特加选用的坚实的冬小麦能够酿造出优质的伏特加酒。绝对伏特加采用连续蒸馏法酿造而成。这种方法是由“伏特加之王”Lars Olsson Smith(拉斯·奥尔松·史密斯)，于1879年在瑞典首创的。酿造过程的用水是深井中的纯净水。正是通过采用单一产地、当地原料来制造的理念，使绝对伏特加公司(V&S，Absolut Spirits)可以完全控制生产的所有环节，从而确保每一滴酒都能达到绝对顶级的质量标准。所有口味的绝对伏特加都是由伏特加与纯天然原料混合而成，绝不添加任何糖分。

如今，绝对伏特加家族拥有了同样优质的一系列产品，包括绝对伏特加(Absolut Vodka)、绝对伏特加辣椒味(Absolut Peppar)、绝对伏特加柠檬味(Absolut Citron)、绝对伏特加黑加仑味(Absolut Kurant)、绝对伏特加柑橘味(Absolut Mandrin)、绝对伏特加香草味(Absolut Vanilia)以及绝对伏特加红莓味(Absolut Raspberr)，如图2-4-8所示。

图2-4-8 瑞典绝对伏特加(Absolut)

三、其他国家和地区的伏特加酒

除俄罗斯与波兰外，其他较著名的生产伏特加的国家和地区还有：

(1) 英国：哥萨克(Cossack)、夫拉地法特(Viadivat)、皇室伏特加(Imperial)、西尔弗拉多(Silverad)等。

(2) 美国：宝狮伏特加(Smirnoff)、沙莫瓦(samovar)、菲士曼伏特加(Fielshmann's Royal)等。

(3) 芬兰：芬兰地亚(Finlandia)。

(4) 法国：卡林斯卡亚(Karinskaya)、弗劳斯卡亚(Voloskaya)等。

(5) 加拿大：西豪维特(Silhowltte)。

伏特加常见品牌，如图2-4-9～图2-4-13所示。

图2-4-9 英国皇冠伏特加(Smirnoff)

图2-4-10 芬兰地亚伏特加(Finlandia)

图2-4-11 美国深蓝伏特加(Skyy)

图2-4-12　法国皇太子伏特加
(Eristoff)

图2-4-13　法国灰雁伏特加
(Grey Goose)

任务单　试一试

一、根据品牌填写表格。

酒品图片	品牌	产地	酒度	酒品简介

(续表)

酒品图片	品牌	产地	酒度	酒品简介
 SMIRNOFF				
 SKYY				
 ABSOLUT VODKA IMPORTED				
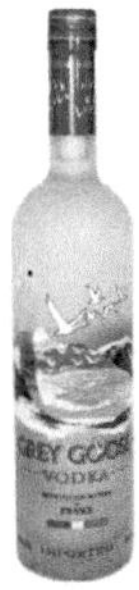 GREY GOOSE VODKA				
 ERISTOFF VODKA				

二、以小组为单位，制作展示苏联红、绿牌伏特加酒的演示文稿。

活动二 伏特加酒饮用与服务

伏特加酒口味清淡，饮用时有很多讲究，下面就一起来了解一下吧。

信息页一 伏特加酒饮用

欧洲人喝伏特加酒已经几个世纪了，他们通常不加冰，而是用一个小小的酒杯一饮而尽。

伏特加酒有两种喝法，一谓古典原始的“冷冻伏特加”(Neat Vodka)。冰镇后的伏特加略显黏稠，入口后酒液蔓延，如葡萄酒，似白兰地，口感醇厚，入腹则顿觉热流遍布全身，如同时有鱼子酱、烤肠、咸鱼、野菇等佐餐，更是一种绝美享受。冷冻伏特加酒通常小杯盛放，一般是不能细斟慢饮的，喝就喝个杯底朝天，颇像山东汉子的豪饮。另一种喝法是“混合伏特加”(Mixed Vodka)，乃伏特加酒加浓缩果汁或兑其他软饮料或低度酒混合而成，长杯盛放，慢慢品味，电影《007》里詹姆斯·邦德的最爱伏特加马天尼酒就属此类。

还有许多人喜欢冰镇后干饮，仿佛冰融化于口中，进而转化成一股火焰般的清热。伏特加作为基酒来调制鸡尾酒，比较著名的有：黑俄罗斯(Black Russian)、螺丝钻(Screw Driver)、血玛丽(Bloody Mary)等。

信息页二 伏特加酒服务(如表2-4-1所示)

表2-4-1 伏特加酒服务

服务项目		服务标准
饮用场合		餐前或餐后饮用
饮用标准量		纯饮25ml单份
饮用杯具		利口杯、古典杯或鸡尾酒杯
服务方法	纯饮	备一杯凉水，以常温服侍，快饮(干杯)是其主要饮用方式
	加冰饮用	杯中放入4～5块冰，然后将伏特加酒倒入其中，并在杯中放入一片柠檬
	兑饮	加入冰块、水或果汁，其载杯为海波杯，配吸管并在杯中加入适量冰块
	调制	根据酒方调配各种鸡尾酒

任务单 伏特加酒服务

以小组为单位，根据客人的不同需求进行伏特加酒服务的练习。

知识链接

如何品尝伏特加酒

可用简单的方式来品尝伏特加酒。

第一步：选择3种或4种高品质的伏特加酒，将其放进冰箱里冷藏，使酒更有黏性，以获得更加纯净的口感。

第二步：将伏特加冰过后，倒入一个酒杯中，每个杯子倒1～2oz。

第三步：举起第一杯放在鼻子下一英寸的地方，轻轻闻伏特加的芳香。这叫“嗅”香味，高品质伏特加的芳香是很柔和的，而且口感微妙。

第四步：浅抿一口，感受伏特加的质感。有品质的伏特加将是平滑而不灼口的感觉。

第五步：把伏特加酒全部咽下去，以体会其特有的感觉。高品质的伏特加会有一定的品质特色，这种品质与其蒸馏和过滤过程中所用原料的口感不一样。

慢慢地享用，在过程中体会每款伏特加的不同。每份酒需要5～10分钟才能完全品尝出它的芳香、质感和口味。

当你喝完一种酒，再喝另外一种之前不需要漱口，因为高品质的伏特加非常纯净，就像苏格兰威士忌或波本威士忌喝过之后一样不会在口中逗留。

任务评价

评价项目	具体要求	评价			
					建议
伏特加酒服务	1. 伏特加酒服务准备				
	2. 伏特加酒标识别				
	3. 伏特加酒饮用方法				
	4. 伏特加酒服务				
学生自我评价	1. 原料、器具准备				
	2. 服务手法				
	3. 积极参与				
	4. 协作意识				
小组活动评价	1. 团队合作良好，都能礼貌待人				
	2. 工作中彼此信任，互相帮助				
	3. 对团队工作都有所贡献				
	4. 对团队的工作成果满意				
总计		个	个	个	总评

(续表)

评价项目	具体要求	评价			
		😀	😐	😞	建议
在伏特加酒服务中，我的收获是：					
在伏特加酒服务中，我的不足是：					
改进方法和措施有：					

工作情境

周末来酒吧饮酒的人比平常要多，今天恰巧又来了涉外旅游团的客人们，他们的到来使酒吧一下子沸腾起来，吧台前、吧桌边挤满了喝酒的客人。有客人说喝威士忌，有客人说喝伏特加酒，还有客人说喝金酒，众口不一。服务员将酒单递给调酒师，调酒师整理了一下共有七八个种类，其中点朗姆酒的人最多。如果你是这位调酒师，应当怎样为点朗姆酒的客人提供服务呢？

具体工作任务

- 了解朗姆酒主要生产区域；
- 了解朗姆酒的分类和特点；
- 掌握朗姆酒知名品牌；
- 掌握朗姆酒的饮用和服务方法。

活动一 朗姆酒服务准备

在众多酒精饮料中，朗姆酒以强烈的香气和原料的味道而独树一帜。朗姆酒的主要产地集中在加勒比海地区，与海盗有着不解的渊源，这便给人们带来一丝神秘与诱惑。

信息页 神性浪漫的朗姆酒

朗姆酒是英文Rum的音译，也可以译为罗姆酒、兰姆酒、老姆酒。朗姆酒又称火酒，绰号海盗之酒，因过去横行在加勒比海地区的海盗都喜欢喝朗姆酒而得名。

朗姆酒是制糖业的一种副产品，以甘蔗提炼而成，大多数产于热带地区。朗姆酒的生产工艺与大多数蒸馏酒相似，经过原料处理、酒精发酵、蒸馏取酒之后，必须再陈酿1～3年，以使酒液染上橡木的色香味。酒度为35%～75%，最常见的是40%。朗姆酒的用途很广，除了饮用外，还广泛用于点心和甜菜的制作。

朗姆酒的产地在西半球的西印度群岛，以及美国、墨西哥、古巴、牙买加、海地、多米尼加、特立尼达和多巴哥、圭亚那、巴西等。16世纪，哥伦布发现新大陆后，在西印度群岛一带广泛种植甘蔗，榨取甘蔗制糖，在制糖时剩下许多残渣，这种副产品称为糖蜜。人们把糖蜜、甘蔗汁放在一起蒸馏，就制成新的蒸馏酒。但当时的酿造方法非常简单，酒质不好，这种酒只是种植园的奴隶们喝，而奴隶主们喝葡萄酒。后来蒸馏技术得到改进，把酒放在木桶里储存一段时间后，就成为爽口的朗姆酒。另外，非洲岛国马达加斯加也出产朗姆酒。

朗姆酒是微黄、褐色的液体，具有细致、甜润的口感，芬芳馥郁的酒精香味。朗姆酒是否陈年并不重要，主要看是不是原产地。此种酒的主要生产特点是：选择特殊的生香(产酯)酵母并加入产生有机酸的细菌，共同发酵后，再经蒸馏陈酿而成。朗姆酒分为清淡型和浓烈型两种风格。清淡型朗姆酒是用甘蔗糖蜜、甘蔗汁加酵母进行发酵后蒸馏，在木桶中储存多年，再勾兑配制而成，酒液呈浅黄到金黄色，酒度在45%～50%。清淡型朗姆酒主要产自波多黎各和古巴，它们有很多类型并具有代表性。

世界上著名的朗姆酒产地有很多，如牙买加、古巴、海地、多米尼加、波多黎各、圭亚那等加勒比海的一些国家，其中以牙买加、古巴生产的朗姆酒最为有名。如今，朗姆酒的主要生产地是古巴。

朗姆酒品牌有：古巴的混血姑娘(Mulata)、圣卡洛斯(San Carlos)、波谷伊(Bocoy)、老寿星(Matusalen)、哈瓦那俱乐部(Havana Club)、阿列恰瓦拉(Arechavala)和百加得(Bacardi)，波多黎各的百加得(Bacardi)、百加得冰锐朗姆预调酒(Bacardi Breezer)，牙买加的摩根船长(Captain Morgan)、美雅士(Myers)等，如图2-5-1～图2-5-11所示。

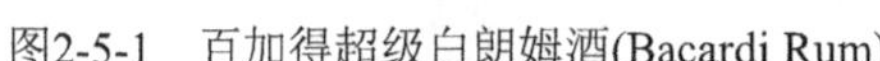
图2-5-1　百加得超级白朗姆酒(Bacardi Rum)

图2-5-2　百加得金朗姆酒(Bacardi Rum)

图2-5-3　百加得黑朗姆酒(Bacardi Rum)

图2-5-4　摩根船长黑朗姆酒(Captain Morgan Rum)

图2-5-5　摩根船长金朗姆酒(Captain Morgan Rum)

图2-5-6　摩根船长白朗姆酒 (Captain Morgan Rum)

图2-5-7　哈瓦那俱乐部白朗姆酒(Havana Club Rum)

图2-5-8　哈瓦那俱乐部黑朗姆酒 (Havana Club Rum)

图2-5-9 混血姑娘黑朗姆酒(Mulata Rum)

图2-5-10 混血姑娘白朗姆酒(Mulata Rum)

图2-5-11 美亚士朗姆酒(Myers's Rum)

知识链接

朗姆酒的种类

朗姆酒主要以颜色和味道进行分类。

1. 根据颜色分类

(1) Silver Rum，无色朗姆酒，味清淡。

(2) Golden Rum，金黄色朗姆酒，味柔和，稍甜，有芳香味。

(3) Dark Rum，深褐色朗姆酒，味浓郁。

2. 根据味道分类

(1) Light Rum，清淡型朗姆酒，无色，味精致，可作为鸡尾酒原料。

(2) Flavored Rum，加味型朗姆酒，金黄色，经过短时间的橡木桶储存，有蜜糖和橡木桶的香味。常常由清淡型和浓烈型朗姆酒兑和而成。

(3) Heavy Rum，浓烈型朗姆酒，气味芬芳，深褐色，在焦黑的橡木桶中已存数年，是最有风味的朗姆酒，多产自牙买加。

任务单 试一试

一、根据品牌填写表格。

酒品图片	品牌	产地	酒度	酒品简介
 BACARDI BLACK				
 BACARDI BREEZER				
 Captain Morgan ORIGINAL SPICED GOLD				
 BACARDI				
 Captain Morgan				

（续表）

酒品图片	品牌	产地	酒度	酒品简介

二、以小组为单位，制作展示百加得朗姆酒的演示文稿。

活动二　朗姆酒饮用与服务

朗姆酒由于其特殊的酿造原料，以及关于加勒比海盗的传说，使其带有神秘的异域风情。当客人点用朗姆酒时，大家应注意哪些环节呢？

信息页一　朗姆酒饮用

朗姆酒的饮用也是很有趣的。在出产国和地区，人们大多喜欢喝纯朗姆酒，不加以调混，实际上这是品尝朗姆酒最好的方法。而在美国，一般把朗姆酒与其他饮料混合起来调制鸡尾酒。如金朗姆酒酒味香甜，是鸡尾酒基酒与兑和其他饮料的原料。朗姆酒可在晚餐时作为开胃酒来喝，也可以在晚餐后喝。

信息页二　朗姆酒服务(如表2-5-1所示)

表2-5-1　朗姆酒服务

服务项目	服务标准
饮用场合	餐前或餐后饮用
饮用标准量	纯饮25ml单份，并放入一片柠檬

（续表）

服务项目		服务标准
饮用杯具		古典杯或鸡尾酒杯
服务方法	纯饮	饮用时稍微冰镇一下
	加冰饮用	杯中放入3～4块冰，然后将朗姆酒倒入其中
	兑饮	和朗姆酒混饮最多的是果汁和可乐，其载杯为海波杯，并配吸管和加冰块
	调制	根据酒方调配各种鸡尾酒

知识链接

朗姆酒的其他用途

朗姆酒用途很多，因为烧焦的蔗糖有强烈的香味，所以朗姆酒也经常用于制作糕点、糖果、冰激凌以及法式大菜的调味。除此之外，朗姆酒饮用时还可加冰、加水、加可乐和加热水。据说，将热水和黑色朗姆酒兑在一起，便是冬天治感冒的特效偏方。在加工烟草时加入朗姆酒也可以增加风味。

任务单　试一试

以小组为单位，根据客人的不同需求进行朗姆酒服务的练习。

任务评价

评价项目	具体要求	评价			
		😀	😐	☹	建议
朗姆酒服务	1. 朗姆酒服务准备				
	2. 朗姆酒标识别				
	3. 朗姆酒的饮用方法				
	4. 朗姆酒服务				
学生自我评价	1. 原料、器具准备				
	2. 服务手法				
	3. 积极参与				
	4. 协作意识				
小组活动评价	1. 团队合作良好，都能礼貌待人				
	2. 工作中彼此信任，互相帮助				
	3. 对团队工作都有所贡献				
	4. 对团队的工作成果满意				

(续表)

评价项目	具体要求	评价				
		笑脸	平脸	哭脸	建议	
总计		个	个	个	总评	
在朗姆酒服务中，我的收获是：						
在朗姆酒服务中，我的不足是：						
改进方法和措施有：						

任务六　龙舌兰酒服务

工作情境

小明是酒吧常客，没有人知道他的真实身份，更不知道他从事什么职业，但是有一点调酒师是知道的，他喝的酒常和龙舌兰酒有关。今天恰巧是他的生日，众多朋友前来捧场，至深夜酒意正的时刻，调酒师想为小明的生日助兴，突发奇想要调制一款“墨西哥炸弹”来增添气氛。如果你是这位调酒师，应当怎样为小明进行龙舌兰酒服务呢？

具体工作任务

- 了解龙舌兰酒主要生产区域；
- 了解龙舌兰酒的分类和特点；
- 掌握龙舌兰酒知名品牌；
- 掌握龙舌兰酒的饮用和服务方法。

活动一 龙舌兰酒服务准备

印第安人有个传说，说天上的神以雷电击中生长在山坡上的龙舌兰，才创造出了龙舌兰酒。实际上，这种说法并没有什么依据。不过，传说告诉人们，龙舌兰早在古印第安文明时期就被视为一种非常有神性的植物，是天上的神赐予人类的礼物。

信息页一 上天恩赐的龙舌兰酒

龙舌兰酒(Tequila)又称特基拉酒，是墨西哥的特产，被称为墨西哥的灵魂。此酒的原料很特别，是以墨西哥珍贵植物龙舌兰(Agave，如图2-6-1所示)为原料，有很多不同的品种，其中品质最佳的是“Blue Agave”，主要栽培在哈利斯科州(Jalisco)的特基拉镇一带。墨西哥政府有明文规定，只有以该地出产的特种龙舌兰为原料所制成的酒，才允许冠以Tequila之名出售，就像干邑白兰地必须是产自法国干邑地区一样。

图2-6-1 龙舌兰

用其他品种的龙舌兰制造的蒸馏酒则称为Mezcal(梅斯卡尔酒)，因此，所有的Tequila都是龙舌兰酒，但并非所有的龙舌兰酒都可称为Tequila。

龙舌兰是一种龙舌兰科植物，形状像仙人掌，通常要生长12年，其灰蓝色的叶子有时可达10尺长，看起来就像巨大的郁金香。成熟后，割下新鲜的龙舌兰送至酒厂，再割成两半泡洗24小时。榨出汁来，汁水加糖送入发酵柜中发酵2～2.5天，然后在铜制单式蒸馏中蒸馏2次，酒度达到52%～53%，香气突出，口味凶烈。然后放入橡木桶陈酿，陈酿时间不同，颜色和口味差异很大，白色酒未经陈酿，透明无色，味道较呛；银白色酒储存期最多3年；金黄色酒储存至少2～4年；特级特基拉需要更长的储存期，色泽和口味都更加醇和，装瓶时酒度要稀释至38%～44%。

凡符合墨西哥国家质量监控标准的特基拉酒，酒标上都有“DGN”字样。著名品牌如图2-6-2～图2-6-11所示。

图2-6-2 豪帅金快活银(Jose Cuervo)

图2-6-3 豪帅金快活金(Jose Cuervo)

图2-6-4　白金武士龙舌兰金(Conquistador)

图2-6-5　白金武士龙舌兰银(Conquistador)

图2-6-6　懒虫龙舌兰金(Camino)

图2-6-7　懒虫龙舌兰银(Camino)

图2-6-8　奥美加龙舌兰金(Olmeca)

图2-6-9　奥美加龙舌兰银(Olmeca)

图2-6-10　索查金(Sauza)

图2-6-11　索查银(Sauza)

知识链接

龙舌兰小常识

龙舌兰又名番麻，但不是芦荟，该物种为中国植物图谱数据库收录的有毒植物，其毒性为叶汁有毒，可刺激皮肤，产生灼热感。兔每天口服100ml叶汁，第三天出现厌食、活动减少、后肢麻痹等中毒症状，如不治疗可致死，解剖检查有胃黏膜充血和肝脏缺血。羊食后会出现中耳炎、紫绀、呼吸困难和心率加快等症状。还可毒鱼。

有毒处：汁液。

中毒症状：皮肤过敏者接触汁液后，会引起灼痛，发痒，出红疹，甚至产生水泡；对眼睛也有相当的毒害作用。

信息页二 龙舌兰酒相关知识

一、龙舌兰酒的陈年

刚蒸馏完成的龙舌兰新酒，是完全透明无色的，市面上看到的有颜色的龙舌兰是因为放在橡木桶中陈年过，或是因为添加酒用焦糖的缘故，而且只有Mixto Tequila(混合龙舌兰酒)才能添加焦糖。陈年龙舌兰酒所使用的橡木桶来源很广，最常见的还是美国输入的二手波本威士忌酒桶，但也不乏有酒厂会选择更少见的，甚至全新的橡木桶等。龙舌兰酒并没有最低陈年期限要求，但特定等级的酒则有特定的最低陈年时间。白色龙舌兰(Blanco)是完全未经陈年的透明新酒，其装瓶销售前是直接放在不锈钢酒桶中存放，或一蒸馏完后就直接装瓶。

大部分酒厂都会在装瓶前，以软化过的纯水将产品稀释到所需的酒度(大部分都是37%～40%，虽然也有少数产品酒度超过50%)，并且经过活性炭或植物性纤维过滤，完全将杂质去除。

如同其他酒类，每一瓶龙舌兰酒里面所含的酒液，都可能来自多桶年份相近的产品，利用调和的方式确保产品口味的稳定。不过，也正由于这个缘故，高级龙舌兰酒市场里偶尔也可以见到稀有的“Single Barrel”(单桶混合)产品，感觉跟苏格兰威士忌或法国干邑的原桶酒类似，特别强调整瓶酒都是来自特定一桶酒，并且附上详细的木桶编号、下桶年份与制作人名称等，限量发售。所有要装瓶销售的龙舌兰酒，都需要经过Tequila规范委员会(Consejo Regulador del Tequila，CRT)派来的人员检验确认后，才能正式出售。

二、龙舌兰酒的产品标识

每一瓶真正经过认证而售出的Tequila，都有一张明确标示着相关资讯的标签。这张标签通常不只是简单地说明产品的品牌，还蕴藏着许多重要信息。

等级：白色(Blanco)、新酒(Joven)、微陈级(Reposado)、陈年级(Anejo)和超陈级(Extra Anejo)5个产品等级，且必须符合政府相关法规而非依照厂商想法随意标示。

纯度标示：唯有标示“100% Agave”(或是更精确的，100% Blue Agave或100% Agave Azul)的Tequila，才能确定这瓶酒里的每一滴液体，都是来自天然的龙舌兰草，没有其他糖分来源或添加物(稀释用的纯水除外)。

不过，经过国际上的协商后，目前包括欧盟在内的世界主要国际商业组织几乎都已认定，Tequila是受国际公约保护，只准在墨西哥生产的产品。自此之后，即使有其他国家使用相同原料与制造方式制作出龙舌兰酒，也不可以用Tequila的名义销售。

任务单　试一试

一、根据品牌填写表格。

酒品图片	品牌	产地	酒度	酒品简介

二、以小组为单位，制作展示龙舌兰酒的演示文稿。

活动二 龙舌兰酒饮用与服务

由于龙舌兰酒的主产国是墨西哥，所以在饮用龙舌兰酒时总是带有浓郁的墨西哥风情，在饮用习惯和方法上也独具特色。

信息页一 龙舌兰酒饮用

龙舌兰酒是墨西哥的国酒，墨西哥人对其情有独钟，饮酒方式十分独特，也颇需一番技巧，常用于净饮。每当饮酒时，墨西哥人总先在手背上倒些海盐沫来吸食，然后用腌渍过的辣椒干、柠檬干佐酒，恰似火上浇油，美不胜言；或者把盐巴撒在手背虎口上，用拇指和食指握一小杯纯龙舌兰酒，再用无名指和中指夹一片柠檬片，迅速舔一口虎口上的盐巴，接着把酒一饮而尽，再咬一口柠檬片，整个过程一气呵成，无论风味或是饮用技法，都堪称一绝，这种传统的饮酒方式被墨西哥人称为“Los Tres Cuastes”，意思为“三位好朋友”。对于饮用龙舌兰酒的老手来说，这3个动作仅需几秒钟就干净利索地完成了。除此之外，龙舌兰酒也适宜冰镇后纯饮，或是加冰块饮用。它特有的风味，也常作为鸡尾酒的基酒，如墨西哥日出(Tequila Sunrise)、玛格丽特(Margarite)等深受广大消费者喜爱。

信息页二 龙舌兰酒服务(如表2-6-1所示)

表2-6-1 龙舌兰酒服务

服务项目		服务标准
饮用场合		餐前或餐后饮用
饮用标准量		纯饮25ml单份，并随同柠檬、盐沫
饮用杯具		烈酒杯、古典杯或鸡尾酒杯
服务方法	纯饮	饮用时稍微冰镇一下或随同柠檬、盐沫一起食用
	加冰饮用	杯中放入3～4块冰，然后将龙舌兰酒倒入其中
	兑饮	在古典杯中加适量冰块，倒入龙舌兰酒和苏打水(或雪碧、七喜)，盖上餐巾纸，举起酒杯，用力垂直拍在桌面上，产生丰富泡沫的同时饮下，习惯称之为Tequila Pop(墨西哥炸弹)
	调制	根据配方调配各种鸡尾酒

知识链接

墨西哥正宗喝法——Tequila三部曲

真正的墨西哥Tequila三部曲，简单而震撼，所有Tequila都应该试一下。

第一步：冰镇

将Tequila放入冰箱冷冻层，冻至最佳饮用状态——冰液黏稠状后取出，倒入特别的

Tequila酒杯。

第二步：做一杯桑格丽塔(Sangrita)

墨西哥人不用盐和柠檬，他们一只手拿Tequila，另一只手拿桑格丽塔。将番茄汁2份、鲜柠檬汁1份、辣椒汁(适量)、辣椒油(少量)、白胡椒(适量)、芹子盐(少许)混合调匀，这便是墨西哥人爱不释手的桑格丽塔。将它倒入Tequila酒杯，抿一小口，再喝一口Tequila，这才是墨西哥喝法。

第三步：干杯

喝Tequila通常是小口慢品，如果要干杯，需要先深吸一口气，将杯中酒一饮而尽，再摆出一副百骸畅通的表情，徐徐把空气呼出来。墨西哥人认为，酒气吸到肺里人很快就醉了，因此要先把肺里填满空气，再把酒气吐出来，这样酒量最少能提升1/3。

任务单 练习龙舌兰酒服务

以小组为单位，根据客人的不同需求进行龙舌兰酒服务的练习。

任务评价

评价项目	具体要求	评价			
		😊	😐	☹	建议
龙舌兰酒服务	1. 龙舌兰酒服务准备				
	2. 龙舌兰酒标识别				
	3. 龙舌兰酒饮用方法				
	4. 龙舌兰酒服务				
学生自我评价	1. 原料、器具准备				
	2. 服务手法				
	3. 积极参与				
	4. 协作意识				
小组活动评价	1. 团队合作良好，都能礼貌待人				
	2. 工作中彼此信任，互相帮助				
	3. 对团队工作都有所贡献				
	4. 对团队的工作成果满意				
总计		个	个	个	总评
在龙舌兰酒服务中，我的收获是：					

（续表）

评价项目	具体要求	评价			
		😀	😐	😞	建议
在龙舌兰酒服务中，我的不足是：					
改进方法和措施有：					

任务七 酒吧常见配制酒服务

工作情境

辛苦一天之后，不少人喜欢聚在酒吧中，点上几款心仪的酒品，和朋友天南海北地畅聊。男人们总习惯点上一瓶威士忌，夹着冰块侃侃而谈。但是，身边的几位女士可不能怠慢了，作为调酒师，你会为她们推荐一些什么酒品呢？

具体工作任务

- 了解酒吧常见配制酒的分类和特点；
- 掌握酒吧常见配制酒知名品牌；
- 掌握酒吧常见配制酒的饮用和服务方法。

活动一 酒吧常见配制酒服务准备

酒吧里，琳琅满目的洋酒很多，除了人们喜爱的烈酒和啤酒以外，还有一类酒很受女士们喜爱，那就是用各种调香、调味物质制作而成的配制酒。

信息页一 餐前酒Aperitif

餐前酒又称开胃酒，人们在餐前饮用能够刺激胃口、增加食欲。由此也可以说，凡是刺激食欲的酒都可以称为餐前酒或开胃酒。

餐前酒主要是以葡萄酒或蒸馏酒为原料加入植物的根、茎、叶、药材、香料等配制而成。它不但可以刺激食欲，还有滋养、强身、健胃等功效。适宜作为餐前酒的酒类品种很多，传统的餐前酒品种大多是味美思(Vermouth)、比特酒(Bitter)、茴香酒(Anise)，这些酒大多加过香料或一些植物性原料，用于增加酒的风味，其主要生产地是法国和意大利，如表2-7-1所示。

表2-7-1　餐前酒种类

酒品名称	生产国	类型	酒品特点	酒品图片
马天尼干 Martini Dry	意大利	味美思	酒液无色透明，酒度18%，因该酒在制作蒸馏过程中加入柠檬皮及新鲜的小红莓，故酒香浓郁，如图2-7-1所示	图2-7-1
马天尼半干 Martini Bianco	意大利	味美思	酒液呈浅黄色，酒度16%，含有香兰素等香味成分，如图2-7-2所示	图2-7-2
马天尼红 Martini Rosso	意大利	味美思	酒度16%，具有明显的当归药香，含有草药味和焦糖香，如图2-7-3所示	图2-7-3
金巴利 Campari	意大利	比特酒	其配料为橘皮等草药，苦味主要来自金鸡纳霜。酒度为23%，色泽鲜红，药香浓郁，口味略苦而可口，如图2-7-4所示	图2-7-4
杜本纳 Dubonnet	法国	比特酒	以白葡萄酒、金鸡纳皮荟宁皮及其他草药为原料配制而成，酒度16%，通常呈暗红色，药香明显，苦中带甜，具有独特风格。有红白两种，以红色最为著名，如图2-7-5所示	图2-7-5

（续表）

酒品名称	生产国	类型	酒品特点	酒品图片
飘仙一号 Pimm's No.1	英国	比特酒	清爽、略带甜味，适合制作一些清新饮品，酒度25%，金酒加威末制作而成，如图2-7-6所示	图2-7-6
安高斯杜拉 Angostura	特利尼拉	比特酒	以老朗姆酒为基酒，龙胆草为主要配料制作而成，酒度44.7%，呈褐红色，具有悦人的药香，微苦而爽适，140ml小包装，具有较强的刺激性，并微有毒性，多饮会有害健康，如图2-7-7所示	图2-7-7
潘诺酒 Pernod	法国	茴香酒	酒度40%，含糖量为10%。使用了茴香等15种药材。呈浅青色，半透明状，具有浓烈的茴香味。该酒具有一股浓烈的草药气味，既香又甜，很吸引人，如图2-7-8所示	图2-7-8
力加 Ricard	法国	茴香酒	其酒液颜色为染色，是全世界销量第一的大茴香酒，也是全世界销量第三的烈性酒，年销量700万箱以上，酒度45%，如图2-7-9所示	图2-7-9

知识链接

其他著名开胃酒

(1) 皮尔(Byrrh)，是具有法国专利权的一种开胃酒，酒度18%，其香气舒柔，余味绵长。

(2) 潘脱米(Punt E Mes)，产自意大利的一种黑色开胃酒，具有刺激性苦味。

(3) 波尼康蒲(Boonekamp)，产自荷兰的苦酒，宜于餐前净饮。

(4) 拉法爱尔(Raphael)，法国。

(5) 比赫(Butth)，法国。

(6) 基尔(Kir)，法国。

(7) 辛(Cin)，意大利。

(8) 亚美利亚诺(Americano)，意大利。

(9) 乌朱(Ouzo)，希腊。

信息页二　餐后酒Liqueur

一、利口酒

利口酒也称为力娇酒，由英文Liqueur译音而得名。利口酒的酒度常在20%～40%，甜味浓，含糖量高，是烈性酒和调味香料混合而成的一种含酒精饮料。利口酒气味芬芳，口味甘美，色彩艳丽柔和，适合饭后单独饮用，具有和胃、醒脑等保健作用。利口酒的配方都相对保密，基本酿造方法有蒸馏、浸渍、渗透过滤、混合等几种。利口酒种类如表2-7-2所示。

表2-7-2　利口酒种类

酒品名称	生产国	类型	酒品特点	酒品图片
君度橙酒 Cointreau	法国	果味利口酒	水晶般色泽，晶莹澄澈，属于水果类利口酒，是用苦橘皮浸制调配成的，酒度在40%左右，如图2-7-10所示	图2-7-10
金万利 Grand Marnia	法国	果味利口酒	又被称为香橙干邑白兰地，是用苦橘皮浸制调配而成，橘香突出，酒度在40%左右，口味凶烈、劲大、甘甜、醇浓，分红、黄两种，如图2-7-11所示	图2-7-11
香博皇家优等力娇酒 Chambord	法国	果味利口酒	精选树莓(小黑山莓)与其他水果和香料并混合美味的蜂蜜酿制而成的高等力娇酒，酒度16.5%，如图2-7-12所示	图2-7-12

（续表）

酒品名称	生产国	类型	酒品特点	酒品图片
杜林标 Drambuie	英国	草料利口酒	是用草药、威士忌和蜂蜜配而制成的利口酒，如图2-7-13所示	图2-7-13
当酒 Benedictine DOM	法国	草料利口酒	以白兰地为酒基，配以当归、丁香、肉豆蔻、海索草、生姜、芫荽等27种药材，经2次蒸馏，加入蜂蜜和糖液，再储存2年而成。酒液呈黄绿色，酒度43%，如图2-7-14所示	图2-7-14
加利安奴 Galliano	意大利	草料利口酒	是以意大利的英雄加利安奴将军的名字命名的酒品，以食用酒精作为基酒，加入30多种香草料酿造出来的金色甜酒，味道醇美、香味浓郁，如图2-7-15所示	图2-7-15
百利甜酒 Baileys	爱尔兰	奶油利口酒	由新鲜的爱尔兰奶油、纯正的爱尔兰威士忌、各种天然香料、巧克力以及爱尔兰精酿烈酒调配而成，其香滑纯正的口感受到了众多消费者的喜爱，酒度17%，如图2-7-16所示	图2-7-16
咖啡甜酒 Kahlua	墨西哥	奶油利口酒	以咖啡豆为原料酿制的，先烘焙、粉碎咖啡豆，再进行浸制、蒸馏、勾兑、加糖、澄清过滤而成，酒度为21%左右，如图2-7-17所示	图2-7-17

(续表)

酒品名称	生产国	类型	酒品特点	酒品图片
添万利 Tia Mria	牙买加	奶油利口酒	以朗姆酒为酒基，有香草味，酒度为27.5%，如图2-7-18所示	图2-7-18
马利宝椰子酒 Malibu Rum	英国	果味利口酒	由白朗姆酒混合椰子汁制成，配合独特全白色瓶子包装，酒度为21%，如图2-7-19所示	图2-7-19
葫芦绿薄荷酒 GET27	法国	利口酒	绿薄荷香味强烈，稳固、优雅，带着茴香、甘草和绿苹果的味道。口味清新，酸度平衡。口感略干，甘脆中带着甜蜜的回味，酒度为 27%，如图2-7-20所示	图2-7-20

二、荷兰波士力娇酒(Bols Liqueur)

1575年，Lucas Bols(卢卡斯·波尔斯)在现今的阿姆斯特丹市中心区建立了一间小型酿酒厂，这就是Bols Royal(波尔斯皇家)的前身。

Bols力娇酒现已成为调制高级鸡尾酒不可或缺的混合成分，目前拥有31种口味，在100多个国家和地区销售。Bols通过遍布世界各地的专业课程广为传播，是其独特的品牌文化和调酒精髓。其倡导的“完全鸡尾酒”计划，更是为调酒师们提供了有关鸡尾酒的书籍、调酒器具等。Bols也是国际桥牌作家协会IBPA的长期资助人，多年来与IBPA合作举办Bols桥牌提示论文竞赛活动，由竞赛者将自己的经验心得体会著文介绍给一般桥艺水平的读者。另外，Bols还赞助举办花式调酒师比赛。

波士力娇酒常见口味，如图2-7-21～图2-7-26所示。

图2-7-21　波士香蕉力娇酒

图2-7-22　波士蓝橙力娇酒

图2-7-23　波士绿薄荷力娇酒

图2-7-24　波士草莓力娇酒

图2-7-25　波士白橙皮力娇酒

图2-7-26　波士蜜瓜力娇酒

任务单　试一试

一、对照实物填写表格。

品牌	酒品名称	产地	酒度	酒品简介
PERNOD				

(续表)

品牌	酒品名称	产地	酒度	酒品简介
 CAMPARI				
 COINTREAU				
 Tia Maria				
 MARTINI				
 DRAMBUIE				

(续表)

品牌	酒品名称	产地	酒度	酒品简介
PIMM'S No1				
BENEDICTINE				
ORIGINAL				
DUBONNET				
BOLS				

二、以小组为单位，制作展示酒吧常见配制酒介绍的演示文稿。

活动二 酒吧常见配制酒饮用与服务

酒吧中的这些配制酒，由于其特殊的制作方法和口味特点，使其在饮用时也有一定的讲究。

信息页一 餐前餐后的饮用

餐前餐后酒是社交活动、家庭生活中不可或缺的组成部分，在宴请中准备了相应的餐前餐后酒，就可不必担心招待不周了。客人也可以根据自己的喜好来选择，这样主人就会很有把握地让客人尽兴而归。

信息页二 餐前餐后酒服务(如表2-7-3所示)

表2-7-3　餐前餐后酒服务

服务项目		服务标准
饮用场合		餐前或餐后饮用
饮用标准量		纯饮42ml单份
饮用杯具		利口杯、古典杯或鸡尾酒杯
服务方法	纯饮	备一杯凉水，以常温服侍，快饮(干杯)是其主要饮用方式
	加冰饮用	杯中放入4～5块冰，然后将酒倒入其中，并在杯中放入一片柠檬
	兑饮	加入冰块、水或果汁，其载杯为海波杯，配吸管并在杯中加入适量冰块
	调制	根据配方调配各种鸡尾酒

知识链接　不同品牌酒水的最佳饮用方法

(1) 金巴利酒(Campapi)：一般加冰或加苏打水饮用。

(2) 杜本内香草酒(Dubonet)：一般纯饮。

(3) 茴香酒(Pernod)：一般纯饮，加冰或加水后酒会变浑浊。

(4) 飘仙一号(Pimm's No.1)：此酒本身就是调制后的鸡尾酒，最常见是加七喜和雪碧。

(5) 甜性马天尼酒(Martini Rosso)：一般加冰饮用。主要用来调制著名的鸡尾酒“曼哈顿”(Manhaton)和“马天尼”(Martini)。

(6) 中性马天尼酒(Martini Bianco)：一般加冰饮用。

(7) 酸性马天尼酒(Martini Dry)：加冰饮用。主要调制鸡尾酒“干曼哈顿”(Dry Manhaton)和“干马天尼”(Dry Martini)，其中“干马天尼”尤为著名。

任务单　练习常见配制酒服务

以小组为单位，根据客人的不同需求进行酒吧常见配制酒服务的练习。

任务评价

<table>
<tr><th rowspan="2">评价项目</th><th rowspan="2">具体要求</th><th colspan="5">评价</th></tr>
<tr><th></th><th></th><th></th><th colspan="2">建议</th></tr>
<tr><td rowspan="6">酒吧常见配制酒服务</td><td>1. 餐前酒服务准备</td><td></td><td></td><td></td><td rowspan="6" colspan="2"></td></tr>
<tr><td>2. 餐前酒酒标识别</td><td></td><td></td><td></td></tr>
<tr><td>3. 餐后酒服务准备</td><td></td><td></td><td></td></tr>
<tr><td>4. 餐后酒酒标识别</td><td></td><td></td><td></td></tr>
<tr><td>5. 餐前餐后酒的饮用方法</td><td></td><td></td><td></td></tr>
<tr><td>6. 餐前餐后酒服务</td><td></td><td></td><td></td></tr>
<tr><td rowspan="4">学生自我评价</td><td>1. 原料、器具准备</td><td></td><td></td><td></td><td rowspan="4" colspan="2"></td></tr>
<tr><td>2. 服务手法</td><td></td><td></td><td></td></tr>
<tr><td>3. 积极参与</td><td></td><td></td><td></td></tr>
<tr><td>4. 协作意识</td><td></td><td></td><td></td></tr>
<tr><td rowspan="4">小组活动评价</td><td>1. 团队合作良好，都能礼貌待人</td><td></td><td></td><td></td><td rowspan="4" colspan="2"></td></tr>
<tr><td>2. 工作中彼此信任，互相帮助</td><td></td><td></td><td></td></tr>
<tr><td>3. 对团队工作都有所贡献</td><td></td><td></td><td></td></tr>
<tr><td>4. 对团队的工作成果满意</td><td></td><td></td><td></td></tr>
<tr><td>总计</td><td></td><td>个</td><td>个</td><td>个</td><td>总评</td><td></td></tr>
<tr><td colspan="2">在酒吧常见配制酒服务中，我的收获是：</td><td colspan="5"></td></tr>
<tr><td colspan="2">在酒吧常见配制酒服务中，我的不足是：</td><td colspan="5"></td></tr>
<tr><td colspan="2">改进方法和措施有：</td><td colspan="5"></td></tr>
</table>

工作情境

世界各地的人们都有各自喜爱的风味啤酒。例如：英国人喜欢喝苦啤酒；非洲人善于用香蕉酿制啤酒；比利时人爱喝酸啤酒；俄罗斯人离不开用黑麦酿制的格瓦斯；美国人则喜欢在啤酒中兑上番茄汁，制成另一种颇具特色的鸡尾酒。因此，作为酒吧服务人员必须了解啤酒知识，以及如何为客人提供啤酒服务。

具体工作任务

- 了解啤酒相关知识；
- 啤酒用具介绍；
- 测试、判断酒品调制顺序。
- 掌握啤酒的饮用和服务方法。

活动一　啤酒服务准备

高端啤酒企业在酒吧都有其表现出色的品牌，例如：百威啤酒隶属于美国安海斯-布公司，世界排名第二；荷兰喜力排名世界第四；丹麦嘉士伯排名世界第五；酿造科罗娜啤酒的墨西哥莫德罗啤酒厂排名世界第八；紧随其后的就是中国青岛啤酒，排名第九。下面就让我们一起来了解一下啤酒的奥秘。

信息页一　百喝不厌的啤酒

啤酒是一种营养价值比较高的谷物类发酵酒，它是以麦芽、水为主要原材料，添加酒花，经过酵母菌发酵而成的一种含有二氧化碳、起泡、低酒度的饮料酒。

啤酒是人类较早掌握的酿制酒品之一，是水和茶之后世界上消耗量排名第三的饮料。啤酒于20世纪初传入中国，属外来酒种。啤酒是根据英语Beer译成中文“啤”，称其为“啤酒”，沿用至今。

啤酒的生产过程包括麦芽制造、麦芽汁制造、前发酵、后发酵、过滤灭菌、包装等几道工序。

现在国际上的啤酒大部分均添加辅助原料，有的国家规定辅助原料用量总计不超过麦芽用量的50%。在德国，除出口啤酒外，国内销售的啤酒一概不使用辅助原料。2009年，亚洲啤酒产量约5867万升，首次超越欧洲，成为全球最大的啤酒生产地。

知识链接

啤酒泡沫的作用

啤酒中的泡沫可使啤酒具有清凉爽口、散热解暑的作用。泡沫是由于啤酒中充满二氧化碳而促发起来的。这些二氧化碳进入胃后，遇热膨胀又通过打嗝排出体外，从而带走体内的部分热量，达到散热解暑的功效。

信息页二 啤酒的分类

啤酒是对麦芽类发酵酒的总称。其实，啤酒可以分成若干种类型、成百上千个品种，不同行业、不同地区，常有不同的分类方法。

一、按颜色分类

(1) 淡色啤酒：俗称黄啤酒。淡色啤酒为啤酒产量最大的一种。

(2) 浓色啤酒：色泽呈红棕色或红褐色。浓色啤酒麦芽香味突出、口味醇厚、酒花苦味较轻。

(3) 黑色啤酒：色泽呈深红褐色乃至黑褐色，产量较低。黑色啤酒麦芽香味突出、口味浓醇、泡沫细腻，苦味根据产品类型而有较大差异。

二、按麦汁浓度分类

(1) 低浓度啤酒：原麦汁浓度6°～8°，酒度2%左右。

(2) 中浓度啤酒：原麦汁浓度10°～12°，酒度3.1%～3.8%，是中国各大型啤酒厂的主要产品。

(3) 高浓度啤酒：原麦汁浓度14°～20°，酒度4.9%～5.6%，属于高级啤酒。

三、按是否经过杀菌处理分类

(1) 鲜啤酒：又称生啤，是指在生产中未经杀菌的啤酒，但也在可以饮用的卫生标准之内。此酒口味鲜美，有较高的营养价值，但酒龄短，适于当地销售，保质期7天左右。

(2) 熟啤酒：经过杀菌的啤酒，可防止酵母继续发酵和受微生物影响，酒龄长，稳定性强，适于远销，但口味稍差，酒液颜色较深。

四、按含糖量分类

(1) 干啤酒：指啤酒在酿制过程中，将糖分去除，使酒液中糖的含量在0.5%以下。这种啤酒的特点是发酵度高，含有极少的残留还原糖。其色泽更浅、口感更净、口味更爽、苦味更淡、热值更低，适宜对摄取糖有禁忌者饮用。

(2) 半干啤酒：指含糖量在0.5%～1.2%的啤酒。

(3) 普通啤酒。

五、根据包装容器分类

(1) 瓶装啤酒：国内主要为640ml和355ml两种包装。国际上还有500ml、330ml等其他规格。

(2) 易拉罐装啤酒：采用铝合金为材料，规格多为355ml，便于携带，但成本高。

(3) 桶装啤酒：包装材料一般为不锈钢或塑料，可循环使用，容量为30l，主要用来盛装生啤酒。

六、根据啤酒酵母性质分类

(1) 上发酵啤酒：发酵过程中，酵母随二氧化碳浮到发酵面上，发酵温度15～20℃。啤酒的香味突出。

(2) 下发酵啤酒：发酵完毕后，酵母凝聚沉淀到发酵容器底部，发酵温度5～10℃。啤酒的香味柔和。世界上绝大部分国家采用下发酵啤酒。我国生产的啤酒均为下发酵啤酒，其中著名品牌有青岛啤酒、燕京啤酒等。

七、特殊的啤酒

(1) 甜啤酒(Sweet Beer)：是一种加了果汁的啤酒，酒度有时比一般淡啤酒高。这类啤酒既保留啤酒特有的风味，还有酸甜适口的果香，口感清爽，酒度低，为消暑解渴之良品。

(2) 扎啤：来自英文JAR的谐音，即广口杯子，属于高级桶装鲜啤酒。口味淡雅清爽，酒花香味浓，更易于开胃健脾。生啤酒的保存期是5～7天。这种啤酒在生产线上采取全封闭灌装，在售酒器售酒时即充入二氧化碳。

(3) 低醇啤酒：一般来说，啤酒的酒度低于2.5%(V/V)，即称为低醇啤酒。

(4) 无醇啤酒：酒度低于0.5%(V/V)的啤酒称为无醇啤酒。这种啤酒是采用特殊的工艺方法抑制啤酒发酵时酒精成分或是先酿成普通啤酒后，再采用蒸馏法、反渗透法或渗透法去除啤酒中的酒精成分，既保留啤酒原有的风味，又营养丰富、热值低，深受对酒精有禁忌者的欢迎。

(5) 小麦啤酒：在啤酒制作过程中添加部分小麦所生产的啤酒。此种酒的生产工艺要求较高，酒的储藏期较短。其特点为色泽较浅，口感淡爽，苦味轻。

(6) 冰啤酒：最早由加拿大拉巴特(Labatt)公司开发，其酿造原理是，将啤酒处于冰点温度，使之产生冷混浊(冰晶、蛋白质等)，然后滤除，生产出清澈的啤酒。一般啤酒的酒度在3%～4%，而冰啤则在5.6%以上，高者可达10%。冰啤色泽特别清亮，口味柔和、醇厚、爽口，尤其适合年轻人饮用。

信息页三 世界著名啤酒品牌(如表2-8-1所示)

表2-8-1 世界著名啤酒品牌

啤酒品牌	简要说明	品牌标识
喜力 Heineken	荷兰喜力啤酒公司是世界上最具知名度的啤酒集团，在50个国家中，与超过110个啤酒公司联营生产。产品在超过170个国家和地区销售。喜力是排名第一的国际啤酒品牌，是世界第二大啤酒集团，如图2-8-1所示	图2-8-1
百威 Budweiser	美国ANHEUSER－BUSCH集团公司出品，世界单一品牌销量最大的啤酒之一。目前我国武汉有其投资企业生产，如图2-8-2所示	图2-8-2
科罗娜 Corona	墨西哥MODELO集团出品，生产有Corona Extra科罗娜特级啤酒，目前其销量进入世界啤酒前5位，是我国酒吧爱好者最喜爱的品牌之一，如图2-8-3所示	图2-8-3
嘉士伯啤酒 Carlsberg	丹麦CARLSBERG集团公司出品的世界著名啤酒品牌。产品远销全球超过150个国家。主要品牌为嘉士伯啤酒、冰纯嘉士伯、怡乐仙地、狮威啤酒等。口感属于典型的欧洲式Lager(拉格)啤酒，酒质澄澈甘醇，如图2-8-4所示	图2-8-4

(续表)

啤酒品牌	简要说明	品牌标识
健力士 Guinness	爱尔兰生产的世界著名黑啤酒，如图2-8-5所示	图2-8-5
麒麟 Kirin	日本出品的著名啤酒品牌，目前在我国由其合资企业生产，如图2-8-6所示	 图2-8-6
生力 San Miguel	香港生力啤酒有限公司是1948年菲律宾生力公司首家在海外设立的啤酒厂，目前在广州和石家庄有其设立的生产厂，如图2-8-7所示	 图2-8-7
时代啤酒 Stella Artois	比利时INTERBREW集团公司出品，如图2-8-8所示	图2-8-8
贝克 Beck's	德国出品的世界著名啤酒， 2001年8月已被比利时“国际酿造”集团英特布鲁(Interbrew)收购。目前，在我国由其合资企业生产，如图2-8-9所示	图2-8-9
青岛啤酒	我国著名啤酒品牌，创立于1903年的青岛啤酒厂，其前身是日耳曼啤酒股份有限公司，由英德两国商人共同创办，如图2-8-10所示	图2-8-10

我国比较著名的啤酒品牌还有：北京的燕京啤酒、广州的珠江啤酒、四川的蓝剑啤酒、黑龙江的哈尔滨啤酒、陕西的汉斯啤酒、上海的力波啤酒、甘肃的黄河啤酒、河南的金星啤酒、四平的金士百啤酒及D牌啤酒、杭州的西湖啤酒、台湾地区的统一狮子座啤酒等。另外，新加坡的虎牌啤酒(Tiger Beer)、泰国的狮牌啤酒、老挝的老牌啤酒等也较有名。

知识链接

啤酒鉴赏

啤酒的鉴赏，主要从4个方面进行。

(1) 颜色。将啤酒倒入杯中，观看其颜色：淡啤颜色浅黄、清亮、透明，不浑浊；黄啤颜色金黄、有光泽；黑啤颜色棕黑。啤酒中无任何沉淀物(质量差的啤酒或冒牌啤酒中常有粉状沉淀物)。颜色暗淡或酒液浑浊则表示啤酒已过期或变质。

(2) 香味。啤酒的香味主要来自麦芽的清香与酒陈化后的香醇气味，还含有少量的发酵气味。黑啤的香气稍微带点焦糊味。气味带酸，或有杂味、异味的啤酒不能饮用。

(3) 口味。啤酒喝入口中有香滑、可口、清爽且略带苦味的感觉。因其酒度低，喝下去并不觉得有明显的刺激性。

(4) 泡沫。泡沫也是鉴定啤酒的一个方面。通常，啤酒泡沫越多越好，越白越好，越细越好，泡沫维持的时间越长越好。

任务单　试一试

根据图片写出以下啤酒的品牌名称与产国。

Heineken	品牌		Tiger 虎牌 Beer	品牌	
	产国			产国	
BECK'S	品牌		GUINNESS	品牌	
	产国			产国	

(续表)

	品牌			品牌	
	产国			产国	
	品牌			品牌	
	产国			产国	
	品牌			品牌	
	产国			产国	

活动二　啤酒饮用与服务

啤酒拥有丰富细腻持久的泡沫，含有充足的二氧化碳气体，杀口力强，麦香四溢，清苦爽适，口味卓越，因此对服务有较高要求。在西方，啤酒被视为一种营养食品，在酒吧，一瓶或一大扎在手，就已足够，无须丰盛的菜肴。在中国，越来越多的人首选啤酒为佐餐饮品。那么，如何为畅饮啤酒的客人提供优质的服务呢？

信息页一　啤酒的饮用要求

一、杯具要求

不同的饮用场合，不同的啤酒种类和风味，都对啤酒杯有着各种各样的要求。在酒吧、餐吧等场所，比较注重啤酒杯的外形个性，饮用生啤用大容量带把的马克杯(Beer

Mug)，容量有0.2L、0.3L、0.5L、1L等，而在正式餐饮场合，饮用啤酒惯用平底直身喇叭口的比尔森啤酒杯系列。

啤酒杯的清洁度要求极高，尤其要清除啤酒杯内外壁的油污，因为油脂类成分是啤酒泡沫的大敌，对泡沫形成的稳定性起销蚀作用，不干净的啤酒杯还会影响啤酒清爽纯净的口感。此外，啤酒杯在使用之前，应适度地冷冻挂霜，以保持啤酒的最佳饮用温度。

二、啤酒的最佳饮用温度

为了发挥啤酒的最佳酒品风格，保持丰富细腻的泡沫，并使啤酒能够既清新爽口，又透出非凡的味道，必须确保啤酒的最佳饮用温度。酒温过高，则啤酒泡沫多，持久性弱，二氧化碳不足，缺乏杀口力，口感酸涩；酒温过低，则啤酒泡沫不够充盈，苦味突出，酒香丧失或降低。啤酒的最佳饮用温度与环境温度和储存温度相互关联。在对客服务前，啤酒要进行冰镇，以适宜低温饮用。酒温在10℃状况下，啤酒的风味最佳，而过于冰镇的啤酒，会将舌头冻麻，失去味觉。亦可根据饮用地的气候和温度变化来适当调节啤酒的最佳饮用温度。室温条件下，啤酒的最佳饮用温度为10℃左右；春秋季啤酒的最佳饮用温度为10～15℃；而夏季气候炎热，啤酒的饮用温度在6℃左右更能使人觉得清凉解渴。

信息页二 酒吧啤酒服务程序

酒吧和餐厅服务员必须熟练掌握斟倒瓶装和罐装啤酒的基本技能和技巧，方能使宾客充分享受啤酒的美妙之处。

(1) 将冰镇过的啤酒、啤酒杯和杯垫放于托盘上，送至宾客桌前，在宾客右侧服务。

(2) 先将杯垫放于宾客面前，杯垫微朝向客人，再将啤酒杯放于杯垫上。

(3) 将啤酒顺杯壁斟入杯中，啤酒商标朝向宾客。斟倒时为了避免泡沫溢出杯口和控制泡沫厚度，应分两次斟倒，泡沫厚度宜占据杯口下沿1.5～2cm，形状饱满呈冠状。较为标准的啤酒杯上都印有酒液和泡沫的分界刻度，以便服务员更好地斟倒啤酒。

(4) 将斟倒后的啤酒瓶放于另一个杯垫上，啤酒瓶商标朝向宾客。

(5) 及时为宾客斟倒啤酒，空瓶及时撤走。

信息页三 不同类型啤酒服务

一、生啤机的使用和保养

(1) 生啤桶应置于冷藏柜中，温度保持在5～8℃，如有需要可设置测温器。

(2) 二氧化碳气瓶应保持直立固定，调节气压阀门，压力仪上应显示2～3个压力单位。

(3) 营业前先放掉两杯左右输酒管内残留的啤酒，然后再服务宾客。

(4) 打生啤时，左手将啤酒杯倾斜约45°，生啤机酒嘴抵住杯口内壁下沿，右手握住酒嘴开关，打开开关，并控制啤酒的流量。

(5) 当打至啤酒杯一半容量时，缓慢地将啤酒杯直立，开关打开至最大。

(6) 根据啤酒杯的容量大小，生啤打至适宜的层数，泡沫的厚度可控制在3～4cm，关闭酒嘴开关。如果泡沫不明显可轻启开关，流出少量酒液，酒嘴和啤酒杯保持一定高度，溅起泡沫。

(7) 营业结束后应立刻拆卸输气、输酒的连接装置，取下卡口。

(8) 每周对啤酒冷藏柜进行除霜、除异味，并进行内外清洗，每周对输酒管道进行清洗，定期由啤酒供应商检查、维护和保养生啤机系统。

二、桶装啤酒服务方法

将酒杯倾斜45°，低于啤酒桶开关2.5cm，把开关打开，去掉隔夜酒头。

当倒至杯子的一半时，将杯子直立，让啤酒流到杯子中央，再把开关开至最大，泡沫高于酒杯时关掉开关。根据杯子的大小，一般啤酒要倒入八至九分满，泡沫头约2cm为佳。

三、瓶装或灌装啤酒服务方法

将瓶装或灌装啤酒呈递给客人，客人确认后，当着客人的面打开。将酒杯直立，将瓶装或灌装啤酒倒入酒杯中央，当出现泡沫时，把角度降低，慢慢把杯子倒满，让泡沫刚好超过杯沿1～2cm，然后将啤酒瓶或罐放在啤酒杯旁。

四、斟倒注意事项

优质啤酒服务应该考虑3方面：啤酒的温度、啤酒杯的洁净程度及斟倒方式。

一般啤酒的最佳饮用温度是8～12℃。太凉，酒会变味而浑浊，气泡消失；太热，酒里的气会放出，口感变差。

啤酒杯必须干净，没有油腻、灰尘和其他杂物。

啤酒服务操作应该做到：注入杯中的酒液清澈，二氧化碳含量适当，温度适中，泡沫洁白而厚实。

开启啤酒瓶时，瓶盖不可掉到地上。

瓶装啤酒应在客人面前的工作台或桌面上打开，灌装啤酒则应在客人面前的托盘上打开。

知识链接

不同啤酒的斟倒方法

总的来说，如何倒啤酒没有一个硬性标准，即便如此，服务员在斟倒啤酒时还是应该根据每种啤酒的特点来服务，这样才能使饮用啤酒变成一种享受。下面介绍几种啤酒的服务方法。

Ales(艾尔啤酒)：把啤酒轻轻地倒在倾斜的杯子内侧，当啤酒接近一半时再把啤酒杯竖立起来，最后形成一层很厚实的啤酒泡沫。一般来说，这层啤酒泡沫大约有2cm。

Pilsners(比尔森啤酒)：把啤酒轻轻地倒在倾斜的杯子里，当啤酒接近一半时把啤酒杯竖立起来；倒啤酒时要注意让啤酒中的啤酒花香充分释放出来，而且啤酒泡沫要超过杯子顶端。

Stouts(黑啤酒)：这种黑啤酒的倒酒方法分两个步骤，首先沿着杯子的内侧慢慢地倒大约2/3；等啤酒泡沫平静下来后，把啤酒倒入杯子中心，再把杯子竖立起来。

Wheat Beers(小麦啤酒)：由于大部分小麦啤酒中含有酵母和自然生成的沉淀，啤酒中含有更多的气体，因此这种啤酒应该和Ales一样轻轻地倒。比利时人甚至还会先把杯子弄湿来控制啤酒的泡沫，而在德国的巴伐利亚，小麦啤酒通常要倒出很厚的泡沫。如果杯子里的啤酒看上去不够混浊，人们往往还要把啤酒中的沉淀也倒进杯子里。

任务单　小组合作完成啤酒服务实训

一、准备实训器具和材料。

器具：啤酒杯(高脚啤酒杯、矮脚啤酒杯或扎啤杯)。

材料：瓶装啤酒、灌装啤酒等。

二、实训内容及方法。

实训内容	操作标准
桶装啤酒服务方法	
瓶装或灌装啤酒服务方法	

知识链接

啤酒的保管

啤酒是低酒精含量的谷物酿造酒，除含有少量的酒精外，更多的则是碳水化合物、蛋白质、氨基酸等营养物质，极易促成微生物的生长繁殖。因此，啤酒的稳定性较差，其保管和储存有特定的要求。

(1) 光线。啤酒要避免阳光直射，更不宜暴晒，因为啤酒对紫外线极其敏感。紫外线透过瓶壁，能加速啤酒的氧化，破坏啤酒的稳定性，产生浑浊、沉淀等现象。为了避免阳光中紫外线的直射，啤酒要选用紫外线透过率较低的棕色啤酒瓶或铝质易拉罐来包装。

(2) 温度。啤酒不宜在高温下储存，也不能在过低的温度下存放。储存温度过高或过低都会直接破坏啤酒的色、香、味、泡沫等酒品风格。不同种类的啤酒其储存温度要求也不一样。桶装鲜啤酒储藏温度应严格控制在10℃以下，当储藏温度为－1.5℃时，啤酒开始冻结，会严重破坏啤酒的酒品风格。瓶装或罐装啤酒的储藏温度应控制在5～25℃之间，15℃为最佳。

(3) 储存时间。桶中或瓶中的啤酒不会因储存时间愈久而愈加醇香，必须在保质期里饮用。开瓶后的啤酒不宜长时间存放，应一次饮用完为好。桶装鲜啤酒在适宜温度下的储存期为5～7天，瓶装或罐装的熟啤酒在适宜温度下的保质期为6～12个月。

(4) 酒库。储存啤酒的酒库应清洁卫生、干燥通风、阴凉避光，不宜堆放其他杂物。必须按先进先出的原则储存，堆放合理，码放整齐。要按啤酒的种类、品牌、出厂日期分类储存，建立入库、领用、报损等账目。

任务评价

评价项目	具体要求	评价			
					建议
啤酒服务	1. 啤酒服务准备				
	2. 啤酒酒标识别				
	3. 啤酒的饮用方法				
	4. 啤酒服务				
学生自我评价	1. 原料、器具准备				
	2. 服务手法				
	3. 积极参与				
	4. 协作意识				
小组活动评价	1. 团队合作良好，都能礼貌待人				
	2. 工作中彼此信任，互相帮助				
	3. 对团队工作都有所贡献				
	4. 对团队的工作成果满意				
总计		个	个	个	总评
在啤酒服务中，我的收获是：					

（续表）

评价项目	具体要求	评价			
		😀	😐	😞	建议
在啤酒服务中，我的不足是：					
改进方法和措施有：					

任务九 葡萄酒服务

工作情境

热爱生活、懂得养生、健身保养的朋友，在餐桌上或是会友时，色彩艳丽、晶莹剔透的葡萄酒无疑是首选佳品。在品饮过程中，选择什么类型的葡萄酒，如何饮用最能体现葡萄酒的风采，在本次任务完成过程中将逐一揭开她的面纱。

具体工作任务

- 了解葡萄酒相关知识；
- 葡萄酒用具介绍；
- 掌握葡萄酒的饮用和服务方法。

活动一 葡萄酒服务准备

葡萄酒被人们誉为一剂良药、瓶中的阳光、文明的扣眼和世界上最有修养的事物等。路易斯·巴斯德曾经说过："一餐没有葡萄酒就像一天没有阳光。"让我们一起来感受葡萄酒带来的阳光般的好心情吧。

信息页一　领略葡萄酒家族

依据国际葡萄酒组织的相关规定，葡萄酒必须是破碎或未经过破碎的新鲜葡萄果实或葡萄汁完全或部分发酵之后获取的酒精饮料，其中所含的酒度通常在8.5%～14%之间。从定义中我们知道，葡萄酒一定是用葡萄酿造而成，不添加其他糖分，可以用一种葡萄酿制，也可用几种葡萄混合酿制。

由于葡萄品种不同，酿制工艺的差异，葡萄酒展现出来的色彩、口感和品质也略有不同，根据葡萄酒的色泽可大致分为红葡萄酒、白葡萄酒、玫瑰红葡萄酒(有时也叫桃红葡萄酒)，这3种葡萄酒又常被称为静态葡萄酒。静态葡萄酒又称无气泡葡萄酒，这是由于它排除了发酵后产生的二氧化碳，这类酒是葡萄酒的主流产品，酒度为8%～13%。与其相反的是起泡葡萄酒。起泡葡萄酒是在装瓶后经过二次发酵过程而产生二氧化碳，并将二氧化碳密封在瓶中的葡萄酒，起泡葡萄酒因此而得名，常见英文是“Sparkling Wine”，法国香槟酒是其中的佼佼者。

按照葡萄酒的含糖量不同可分为干型葡萄酒、半干型葡萄酒、半甜型葡萄酒和甜型葡萄酒。干型葡萄酒含糖量每升不超过4克，品评时感觉不出甜味，这种酒中的糖分几乎完全发酵，残留的糖分不足以使酵母继续发酵，细菌也较难生长；半干型葡萄酒含糖量每升在4～12克之间，品评时微有甜感，酸甜均衡；半甜型葡萄酒含糖量在每升12～50克之间，有甘甜爽顺之感；甜型葡萄酒含糖量每升在50～250克之间，甘甜、醇厚之感明显，掩盖了酒精味道，容易让人饮醉。从保健角度来看，建议以干型葡萄酒为主。

加香葡萄酒也占据着葡萄酒家族中很大的席位，它是以不同的工艺方法，在葡萄酒中添加少量可食用香味物质混合而成，具有新的特殊风味的芳香。加香葡萄酒色泽浅，由淡黄色至棕红色，由于所加的香味物不同，有苦味型、果香型、花香型和芳香型之分。

在葡萄酒家族中还有一类加烈葡萄酒，就是在葡萄酒发酵过程中或者发酵之后添加其他高浓度的酒，如白兰地，因酒度升高，发酵停止，保留了部分糖分，使得口感强烈，又富有甜果气息。

悠久的历史与勤劳的人们在赋予葡萄酒尊贵、高尚的灵魂的同时，也造就了葡萄酒家族的庞大与繁盛。

信息页二　葡萄酒主要生产国

世界上有很多国家都在生产葡萄酒，不同的土壤孕育着各有特色的葡萄品种。从酿酒历史上区分，我们把生产葡萄酒的国家划分为新世界与旧世界。“旧世界”主要指法国、意大利、西班牙等有着几百年历史的传统葡萄酒酿造国家。而“新世界”则指美国、加拿大、阿根廷、澳大利亚等新兴的葡萄酒酿造国家。

一、法国

说到旧世界产区，不得不提及法国。许多人视法国葡萄酒为世界上最好的葡萄酒，因为，法国得天独厚的多样化气候和土壤，以及累积了2000年的酿酒工艺、严格的法定产区(原产地域控制命名)管理法规，使得法国能够给消费者提供风格各异的上好葡萄酒。1936年，法国开始建立原产地控制命名管理系统，不仅控制葡萄酒的品质，同时也在规定和保持着各地葡萄酒的特色与传统。值得一提的是，无论是法国的酿酒技术，还是法定产区管理法规，都早已为世界其他葡萄酒生产国接受并仿效。

法国葡萄酒主要来自10大产区：波尔多产区、勃艮第产区、香槟产区、阿尔萨斯产区、卢瓦尔河谷产区、罗纳河谷产区、汝拉-萨瓦产区、西南产区、朗格多克-鲁西雍产区和普罗旺斯产区。

二、意大利

古代希腊人把意大利叫作葡萄酒之国(埃娜特利亚)。实际上，埃娜特利亚是古希腊语中的一个名词，意指意大利东南部。据说，古代的罗马士兵们去战场时，将葡萄苗和武器一块儿带着，领土扩大了就在那儿种下葡萄。这也就是从意大利向欧洲各国传播了葡萄苗和葡萄酒酿造技术的开端。在由于维苏威火山爆发而一夜之间化为死城的庞贝城的遗迹里，仍保留有很多完整的葡萄酒壶。意大利酿造葡萄酒的历史超过3000年，深受自然环境之惠的意大利葡萄酒，占世界葡萄酒生产量的1/4，输出、消费量都堪称世界第一。由西北到东南，意大利有5大葡萄酒产区，分别是：北部山脚下产区、第勒尼安海产区、中部产区、亚得里亚海产区、地中海产区。

三、德国

德国种植葡萄的历史可追溯到公元前一世纪。那时，罗马帝国占领了日耳曼领土的一部分，就是现代德国的西南部。罗马殖民者从意大利输入葡萄树以及葡萄栽培和酿酒工艺。到了19世纪，德国的葡萄酒业已比较发达，总种植面积是今天的几倍。但是后来由于工业革命和战争等各种动乱的原因，德国的葡萄酒业衰退了许多。如今，葡萄酒在德国已形成它特有的文化韵味，从酒杯酒具、酒馆酒吧，到各种葡萄酒节，以及葡萄酒品尝会、专题讲座等活动，每一个享用葡萄美酒的场合都充满着浪漫气息。德国葡萄酒文化也与音乐、生活紧密相连。一年一度丰收季节的德国葡萄酒女王选举和仲夏时节在葡萄酒产酿区举行的音乐会，更是把德国葡萄酒文化渲染到极致，吸引着无数游人酒客流连忘返。

四、葡萄牙与西班牙

大部分的葡萄酒爱好者都熟知葡萄牙的强化葡萄酒——波特酒(Port)。波特酒是世界上古老的酒种类，它的口味和香气受到了中国传统的老酒客的喜爱。被允许用来酿造波特酒的葡萄品种有80多种，其中以多瑞加最为著名。

西班牙的葡萄酒产量居世界第三位，而且有很多质量非常优秀的葡萄酒，最有特色的当属雪莉酒，曾被莎士比亚比喻作“装在瓶子里的西班牙阳光”，在莎士比亚时代被认为是当时世界上最好的葡萄酒。

五、美国

美国是新兴葡萄酒大国，最早酿酒始自16世纪中叶，近30年来急起直追，成为优良葡萄酒的生产国。美国葡萄酒非常多样化，从日常饮用的餐酒，到足以和欧洲各国媲美的高级葡萄酒都有。

六、澳大利亚

作为新兴的移民国家，与旧世界的葡萄酒产国相比，澳洲葡萄酒的酿制方式是与众不同的，除了严格遵循澳洲奔富葡萄酒厂的传统酿酒方式外，还采用先进的酿造工艺和现代化的酿酒设备，加上澳大利亚稳定的气候条件，其每年出产的葡萄酒的品质都相对稳定。

七、智利

智利葡萄酒是在20世纪90年代以后才逐渐走向世界，由于低税、口味独特等优点，深受大众喜爱。因为智利独特的气候，其栽培的葡萄别有风味，为其产出优质葡萄酒奠定了基础，再加上欧洲古老的酿酒方法，使得酿制出的智利葡萄酒既有欧洲传统，又不失南美风味，给人一种新旧交叠的感觉，是智利葡萄酒的独到之处。

信息页三 葡萄酒配餐常识

在众多饮料之中，葡萄酒是最适合与食物搭配的饮品。其搭配既有原则，又有灵活性。“红酒配红肉，白酒配白肉”，这是饮食界、葡萄酒界公认的餐酒搭配的最基本准则。

红葡萄酒和白葡萄酒除了颜色不一样外，最大的区别在于单宁。单宁强劲的红葡萄酒特别适合与脂肪含量较高、蛋白质含量高、肌肉纤维粗硬，特别是味道重、口感油腻的红肉(牛肉、羊肉、猪肉)搭配。单宁的涩味可以撑起葡萄酒的骨架，富于立体感，使丰富的果香得到充分体现，增添了烤牛排的美味。

白葡萄酒、起泡酒、玫瑰红葡萄酒是搭配白肉菜式的主流。白肉，相对于红肉，在烹饪前呈现白色。鸟类(鸡、鸭、鹅、火鸡等)、鱼、爬行动物、两栖动物、非哺乳类动物、甲壳类动物(虾、蟹等)或双壳类动物(牡蛎、蛤蜊等)的肉都是白肉。白肉的特点是肌肉纤维细腻，脂肪含量较低，脂肪中不饱和脂肪酸含量较高。

白葡萄酒口味清淡，酸度或高或低。其酸味可以压制海鲜的腥味，增加海鲜的清爽，令口感舒适，而且能提升对鱼肉不饱和脂肪酸的吸收，更烘托出菜肴的鲜香，甚至会将鱼、虾或鸡肉为主料的佐餐美味推到极致。相反，如果选择浓郁的红葡萄酒，高含量的单宁会严重破坏海鲜的口味，常常会产生金属锈味，所以通常不建议用红酒搭配白肉。

知识链接

什么是单宁

单宁(Tannin)到底是什么？来源于什么？单宁是红葡萄酒的灵魂。是一种酸性物质，主要来源于酿酒葡萄的葡萄皮和葡萄籽。它会在口腔里产生一种收敛性的触感，即“涩”味。单宁的涩，为葡萄酒建立了“骨架”，使酒体结构稳定、坚实丰满；也有效地聚合稳定葡萄酒的色素物质，为葡萄酒赋予完美和富有活力的颜色；还可以增加葡萄酒的复杂性和层次感。

当然，并非单宁强劲就一定是好酒，而是需要在漫长的陈年岁月里逐渐软化，进而变得柔顺、细致。一瓶上好的葡萄酒，需要从酸度、甜度、单宁、酒精、风味物质和回味综合体等方面能否给人带来舒适协调的感觉来评定，平衡和谐最重要。

任务单 试一试

一、根据颜色不同，葡萄酒大致可以分为哪几大类？

二、根据含糖量不同，葡萄酒可以分为哪几大类？

三、饮食界、葡萄酒界公认的餐酒搭配的最基本准则是什么？

活动二 葡萄酒饮用与服务

葡萄酒侍服也是服务者必修的内容，不但要根据客人的需求选好酒品，在杯子的选择、酒品的温度、开瓶的技巧等方面也非常讲究。

信息页一 葡萄酒杯的选择

葡萄酒杯大致可以分为3种：红葡萄酒杯、白葡萄酒杯和香槟杯，如图2-9-1所示。各种葡萄酒要选用不同种类的酒杯，才能令酒更香醇。酒杯的功能主要是留住酒的香气，让酒能在杯内转动并与空气充分结合。标准杯型为腹大口小的高脚杯，即所谓的郁金香杯，如此才有利于香气聚集于杯子上方。高脚的原因是可以供手握住杯子，以免手碰到杯腹而影响酒温。

图2-9-1

传统的红葡萄酒杯在外观设计上通常会比较大。红葡萄酒无论酒体还是香气都更加浓郁一些，因此，窄口宽肚是红葡萄酒杯中的经典设计，窄口是为了使酒的香气聚集在杯口，不易散逸，以便充分品闻酒香和果香；宽肚是为了让红葡萄酒充分和空气接触。红葡萄酒杯基本可以分为两类，即波尔多杯和勃艮第杯，分别针对两地所产的不同的葡萄品种而设计。

在外观设计上，白葡萄酒杯的杯身较红葡萄酒杯要稍显修长，弧度较大，但整体高度和容量要低于红葡萄酒杯。因为白葡萄酒在口感和味道上要略微清淡，不需要较大的杯肚来释放酒体的香气。

香槟杯的杯身应该具备一定的长度，从而能够充分欣赏酒体在杯中持续起泡的乐趣，同时酒体能够缓慢地流入口腔，可以细细品饮。

酒杯是根据葡萄酒的酸度、单宁、香气、口感等因素进行设计的，我们日常选择酒杯时也可遵循如下原理：

(1) 香气比较浓郁的，对应的酒杯肚子应较宽大；香气比较清新的，则要选择收口的杯子。

(2) 酸度高的葡萄酒选择肚子宽大的杯形；单宁高即涩度高的葡萄酒则选择杯底略尖的酒杯。

信息页二 葡萄酒的饮用温度

不同葡萄酒的饮用温度亦是不尽相同的，主要是为了扬长避短，凸显不同风格葡萄酒的特色。最佳饮用温度参考如下：

(1) 清淡、富有果香型红葡萄酒的最佳饮用温度：12～14℃。

(2) 中等酒体红葡萄酒的最佳饮用温度：13～16℃。

(3) 年轻、单宁重红葡萄酒的最佳饮用温度：14～17℃。

(4) 成熟红葡萄酒的最佳饮用温度：15～18℃。

(5) 白、桃红葡萄酒的最佳饮用温度：7～10℃。

(6) 清淡型白葡萄酒的最佳饮用温度：7～10℃。

(7) 浓郁型白葡萄酒的最佳饮用温度：12～16℃。

(8) 半干型白葡萄酒的最佳饮用温度：7～9℃。

(9) 起泡酒、香槟的最佳饮用温度：6～8℃。

(10) 年份香槟的最佳饮用温度：10～12℃。

(11) 甜白酒的最佳饮用温度：4～6℃。

(12) 清爽型甜白葡萄酒的最佳饮用温度：4～6℃。

(13) 玫瑰香甜白葡萄酒的最佳饮用温度：5～7℃。

(14) 浓郁型甜白葡萄酒的最佳饮用温度：8～10℃。

(15) 较清淡甜红酒的最佳饮用温度：14～17℃ 。

(16) 较浓郁甜红酒的最佳饮用温度：15～18℃。

葡萄酒降温可以选择冰桶冰镇，即冰桶内放冰块和水，20分钟即可；亦可用冰箱冰镇，即将酒瓶放入冷藏室，1～2个小时即可。

信息页三 葡萄酒开瓶服务

葡萄酒开瓶不像啤酒那么简单，需要选用合适、顺手的酒钻(又名酒刀)，并掌握开瓶技巧才能将瓶塞完整地取出。现以常用的海马刀(如图2-9-2所示)为例，开启葡萄酒瓶。

1. 去掉瓶封

开酒时，先将酒瓶擦干净。打开海马刀上锯齿形的小刀，以钳子形手法在瓶口顺时针旋转半圈切一刀，再逆时针旋转半圈切一下，只允许正反切割，而不能转动瓶身，酒标始终朝向客人。随后去掉瓶封。去掉后的瓶封边缘要整齐，同时不要随便乱扔，要把瓶封放到事先准备好的小碟子上。

图2-9-2

2. 取出钻头

切除瓶封之后，用布或纸巾将瓶口擦拭干净，打开海马刀的螺旋钻头，钻头尖对准木塞的圆心轻压入木塞，并顺势旋转进入。旋转时，只能旋转海马刀，不能转动瓶身，酒标始终朝向客人。旋入的深度以木塞外露一个螺旋圆环为标准，太深会钻破橡木塞，易使木屑掉入瓶内，影响酒质；太浅则会脱刀；如果钻歪了，容易拔断木塞。

3. 开启瓶塞

将刀头金属关节部分的第一节卡口轻轻卡住瓶口突起部分，左手用力握住刀身关节和瓶颈，让卡口和瓶口处牢牢卡住。利用杠杆原理，用力向上提起海马刀把柄，待出来半截瓶塞时，改用第二节卡口继续向上拔起。待木塞将近完全被拔出时，可用手直接握住塞子，稳稳地拔出即可。瓶塞拔出后，需要用口布将瓶口擦干净，才可以倒酒。注意动作优雅连贯。

能否顺利将瓶塞拔出，与酒的储存方式也有很大关系。平躺酒瓶储存，酒塞润泽有弹性，可以顺利拔出；如果直立摆放，酒塞因干涩而容易发生掉渣和断裂。还有一些国家出品的葡萄酒是旋扣的瓶盖，开启自然方便了很多，以这种方式密封的酒瓶一般直立存放即可。

信息页四 葡萄酒醒酒

将红葡萄酒叫醒、恢复它的酒香这一过程被称为“醒酒”。 醒酒有两个理由：对于年轻不成熟的葡萄酒和经熟化发展得良好的葡萄酒而言，是为了让酒液与空气充分接触；对于老的成熟的葡萄酒而言，是为了除去沉淀物。

通常来说，对于一款年轻的葡萄酒会选用比较扁平的醒酒器。这种扁平的醒酒器有一个宽大的肚子，能够促进氧化作用的进行。而对于年老的脆弱的葡萄酒来说，要谨慎地选择直径比较小的带有塞子的醒酒器来防止过分氧化，使酒衰老死去。更重要的是，在使用醒酒器之前要认真清洗，确保其干净、干燥、没有异味。

醒酒的时间从几十分钟到几个小时甚至几十个小时不等。

进行醒酒之前，应先让酒瓶保持直立。新酒需直立一天，15年以上的陈酒需直立8天。超过40年酒龄的陈酒在更换存放地点之后，不宜立即进行醒酒，因为陈酒中的杂质十分细小，沉淀的时间较长，应先平置酒瓶至少1个月，再直立8天后方可予以醒酒，移动酒瓶时务必格外谨慎。起泡酒、白葡萄酒和玫瑰红葡萄酒不需要醒酒。

信息页五 葡萄酒斟倒

斟倒葡萄酒时，应先斟一些给主人品尝，在主人表示认可后再为其他人斟酒。我国的葡萄酒礼仪大体上遵照国际上的做法，但在服务的顺序上有所区别。在家宴中，我国一般遵循先长辈后晚辈，先客人后主人的顺序。而在国际上，妇女则处于绝对的领先地位。侍者首先要给女主宾斟酒，然后依次给所有女性倒酒，随后再男性，最后才是主人。主人也可以给自己倒酒，但顺序依旧不变。不同的葡萄酒斟倒的顺序也是有讲究的，如先上酒质较轻的葡萄酒，后上酒质较重的葡萄酒；先上干葡萄酒，后上甜葡萄酒；先上新酒，后上老酒。

葡萄酒斟倒的时机也要把握好，在宴会开始前5分钟要将葡萄酒斟入每位宾客杯中。斟好酒后就可请客人入座。在宴会开始后，应在客人干杯后及时为客人添斟，每上一道新菜后同样需要添斟，客人杯中酒液不足时也要添斟。不过，当客人掩杯或者用手遮挡住杯口时，说明客人已不想喝酒，此时，则不应该再斟酒。

倒酒时，一般白葡萄酒和玫瑰红葡萄酒斟入酒杯的2/3容量；红葡萄酒斟入酒杯的1/3容量；香槟酒应先斟入酒杯的1/3容量，待酒中泡沫消退后，再往杯中续斟至7分满即可。酒斟得过满则难以举杯，更无法观色闻香，应给聚集在杯口的酒香留一定的空间，使酒的芳香在此萦绕不散。

知识链接　葡萄酒的鉴赏方法

葡萄酒的鉴赏主要分为观其色、闻其香、品其味3大阶段。

一、观其色

一杯葡萄酒首先带给品鉴者的印象主要来自它的外观与色泽。其判断主要取决于葡萄酒的颜色、浓度、光泽度和澄清度。通常来说，在柔和、充沛的自然光线中，在白色背景下，葡萄酒的色泽应是纯正自然、澄亮通透，有一种动人心魄的自然之美。年轻或酒体轻盈的葡萄酒一般都有着鲜艳、明亮的色泽，如红葡萄酒会呈现出宝石红、石榴红等，白葡萄酒会呈现出浅绿色、浅黄色等；陈年或酒体凝重的葡萄酒则会随着醇度的增高而颜色逐步变淡。

将酒杯倾斜45度，可以观察到葡萄酒的浓度，以及酒液与酒杯内壁边缘地带的无色水体。通常来说，葡萄酒越浓稠度其酒精与糖分的含量也越高；酒液与酒杯内壁边缘地带的无色水体越宽其陈年的时间就越长；酒液边缘的色泽越浓其葡萄酒产地的气温就越高，葡萄采摘年份的日照条件就越好。

二、闻其香

首先，深吸一口清新的空气，用手指捏住酒杯的杯柱部分(注意不要用手托住酒杯杯体，以免影响品饮温度)，凑近杯口短促地轻闻两下，感受葡萄酒静态条件下，优雅与细致的芳香，会在脑海中留下一个较为清晰的轮廓。

然后，轻摇酒杯，目的是加大葡萄酒与空气的亲密接触，使葡萄酒中优雅细腻的酒香与清新浓郁的果香充分地释放出来。一般采用由里向外的顺时针方向摇动，防止不小心将酒洒在身上。也可以将杯子放在桌子上，用食指和中指压住杯底，在桌子上转动。从中我们可以感受到葡萄酒年轻阶段所具有的新鲜水果香气、花草香气；不同的酿造工艺与储存方式赋予葡萄酒的植物香气、橡木香气；陈年过程中逐步明显的醇香与其他复杂香气特征。一般来说，陈年的时间越长，其本身富有的水果香气、花草香气就越淡，取而代之的是葡萄酒浓郁的成熟果香、植物香气、橡木香气和动物香气等复杂气味。

三、品其味

首先，缓缓将适量酒液吸入口中(一般10ml左右，过多过少都不便于品鉴)，不要着急吞咽，用舌头快速上下、左右、前后翻转，使酒液充分、均匀地平展在舌头的各个位置区域以至整个口腔。

然后，闭上双眼，静下心来，以自身对味觉的反应与感受去搜集它的信息，如舌两侧酸的味道、舌尖甜的味道、舌中后部苦的味道、舌中部涩的味道……从感受到的葡萄酒酸度、甜度、单宁强度以及酒精强度的协调程度出发，总结和判断其风味、口感的结构特点，体味其丰富的层次与价值。

最后，将葡萄酒缓缓咽下(葡萄酒在口中保留12～15秒为宜)，并深吸一口清新的空气，用舌头舔牙齿和口腔内表面，感受葡萄酒回味与余韵，体会其丰富、持久的余香，以及酒精流经喉咙之后温暖的强度。

任务单　小组合作完成葡萄酒服务实训

一、准备实训器具和材料。

器具：红葡萄酒杯、白葡萄酒杯、酒刀。

材料：红葡萄酒、白葡萄酒等。

二、实训内容及方法。

实训内容	操作标准
红葡萄酒服务方法	
白葡萄酒服务方法	

任务评价

评价项目	具体要求	评价			
		😀	😐	😞	建议
葡萄酒服务	1. 葡萄酒服务准备				
	2. 葡萄酒酒标识别				
	3. 葡萄酒的饮用方法				
	4. 葡萄酒服务				
学生自我评价	1. 原料、器具准备				
	2. 服务手法				
	3. 积极参与				
	4. 协作意识				

（续表）

<table>
<tr><th rowspan="2">评价
项目</th><th rowspan="2">具体要求</th><th colspan="5">评价</th></tr>
<tr><th></th><th></th><th></th><th colspan="2">建议</th></tr>
<tr><td rowspan="4">小组
活动
评价</td><td>1. 团队合作良好，都能礼貌待人</td><td></td><td></td><td></td><td colspan="2" rowspan="4"></td></tr>
<tr><td>2. 工作中彼此信任，互相帮助</td><td></td><td></td><td></td></tr>
<tr><td>3. 对团队工作都有所贡献</td><td></td><td></td><td></td></tr>
<tr><td>4. 对团队的工作成果满意</td><td></td><td></td><td></td></tr>
<tr><td>总计</td><td></td><td>个</td><td>个</td><td>个</td><td>总评</td><td></td></tr>
<tr><td colspan="2">在葡萄酒服务中，我的收获是：</td><td colspan="5"></td></tr>
<tr><td colspan="2">在葡萄酒服务中，我的不足是：</td><td colspan="5"></td></tr>
<tr><td colspan="2">改进方法和措施有：</td><td colspan="5"></td></tr>
</table>

单元三

如何调制混合饮品

人们都希望自己的生活是多姿多彩的，如同酒吧里的各色混合饮品，观之诱人、嗅之香浓、品之意犹未尽。调制一款鸡尾酒如同演奏一首乐曲，各种材料的组合如同曲子里的音符，有它们特殊的位置和功能，只有遵循这个规律，才能产生和谐与共鸣，达到理想的效果。

鸡尾酒是以任意一款或多款烈酒(或利口酒等)为基酒，添加果汁、奶油等混合而成，含有较多或较少酒精成分，具有滋补、提神功能，并能使人感到爽洁愉快的浪漫饮品。

鸡尾酒是一种混合饮料，由于构成鸡尾酒的各种材料和饮用方法的不同，又使鸡尾酒的调制方法有很大差异。鸡尾酒的基本调制方法有4种：兑和法(Build)、调和法(Stir)、摇和法(Shake)和搅和法(Blend)。下面就让我们小试身手，调制出各种沁人心脾的鸡尾酒。

任务一 "彩虹酒"的调制——兑和法

工作情境

初涉酒吧的人士对层次分明的彩虹酒喜爱有加，雨后的彩虹总能令人兴奋不已。同时，人们很渴望在生活中也能见到如此美丽的景象。今天，一对年轻朋友来到酒吧，点了一款五色彩虹和一款B-52，应如何为客人服务呢？

具体工作任务

- 了解兑和法的调配原理和调制方法；
- 准备兑和法调制酒品所需要的工具和酒品；
- 测试、判断酒品调制顺序；
- 写出本组调制鸡尾酒的情况及注意事项；
- 相关酒品的调制。

活动一 "彩虹酒"的调制

彩虹酒的酒品虽然色彩艳丽、层次分明，煞是好看，但调制起来却并非想象的那么简单，它要求调酒师不但要对吧台里的酒水非常熟悉，还要有良好的心理素质和娴熟的技能。下面就一起来看看调制这杯彩虹酒到底有多神秘！

彩虹酒是利用酒品间的比重差异，调出丰富色彩的鸡尾酒。调制彩虹酒时最需注意的一点是，同一种利口酒或烈酒会因制造商的不同而出现酒精度数或浓缩度不同的情况，但只要掌握调制方法、记住比重大小，就能调出各种不同的彩虹酒。

信息页一 兑和法调制鸡尾酒

酒吧中调酒师们调制的每一款鸡尾酒都备受人们的关注。鸡尾酒有很多形式，其中有一款十分漂亮，它就是彩虹鸡尾酒(如图3-1-1所示)，色彩十分迷人。

彩虹酒是用兑和法调制而成的。兑和法也称漂浮法，此法主要用于调制色彩层次分明的鸡尾酒。方法是：将配方中不同色泽的酒品根据比重由大到小进行排列(含糖量不同，比重不同)，按照一定的分量，依次滑入鸡尾酒杯内。先注入比重较大的酒品，再注入比重稍轻的酒品，含糖量最低的酒品飘在顶层，不需要搅拌。彩虹酒有三色的、四色的、五色的、六色的等几种，不同色泽的酒斟入一个杯内，不互相混淆，各色之间层次分明，色彩艳丽，恰似彩虹。

用国产酒调制彩虹酒时，因目前国内含多种糖分的有色酒品种还不多，因此有一定的困难。变通的办法是，可用糖浆加食用色素配成各色甜酒，这样也能调制出国产彩虹酒。

用兑和法调制的鸡尾酒还有：B-52轰炸机、天使之吻等。

信息页二　彩虹酒的调制方法

操作时，不可将酒直倒入杯中。动作要轻，速度要慢，要避免摇晃。为了减少倒酒时的冲力，防止色层融合，可用一把吧匙斜插入杯内，茶匙背朝上，酒倒在茶匙背上，使酒从杯子内壁缓缓流下(如图3-1-2所示)。

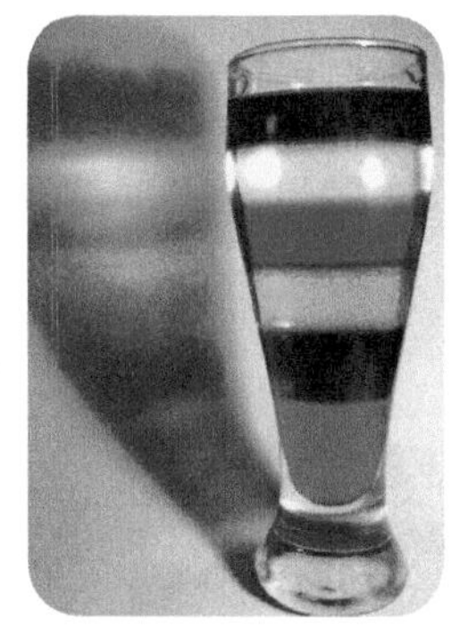

图3-1-1

图3-1-2

需要掌握的技巧就是，将酒倒入量酒器当中，然后将吧匙的匙前端顶住杯子的内壁，匙背呈45°角，倒酒时，要往匙背末端的1/3处倒，使酒从量酒器慢慢顺着吧匙，沿杯壁流入杯中。倒酒时要缓慢，眼睛始终注视酒液的流量，手腕要控制住酒液的流速。此时可看出明显的层次。

调制成的彩虹酒，不宜久放，时间长了，酒内的糖分容易溶解，会使酒色互相渗透融合。同时还应注意的是，注入的各种颜色的酒量要相等，看上去各色层次均匀分明，酒色鲜艳。为了提高兴趣，可在制成的彩虹酒上点火，燃烧成火焰，以增加欢乐有趣的气氛。

调酒师在调制的时候，没必要遵循固定搭配，鸡尾酒的分层配酒主要依据各种酒的比重不同，也就是密度不同。鸡尾酒中的配酒分为调和酒(力娇酒或利口酒)和基酒。一般情况下，调和酒的比重要大一些，例如最重的是红石榴糖浆、Get27(绿薄荷力口酒)和Kahlua(甘露咖啡力口酒)。基酒也称烈性酒，如白兰地、威士忌、特基拉、伏特加等。调配分层酒一定要用力娇杯或子弹杯。

在调制彩虹酒时需要注意的问题及技巧对于初级调酒师来讲并不是那么好掌握，上面这些技巧可供大家参考。

信息页三 彩虹酒相关配方

彩虹酒配方很多，现介绍几款较为经典的配方。

配方一：奥运五环

【材料】Grenadine Syrup(红石榴糖浆) 2/3 oz
Kahlua(甘露咖啡利口酒) 2/3 oz
Get27(绿薄荷利口酒) 2/3 oz
Bols Banana(香蕉利口酒) 2/3 oz
Blue Curacao(波士蓝橙利口酒) 2/3 oz

【用具】量酒器、吧匙

【杯具】3oz的小直筒杯

配方二：五色彩虹

【材料】Grenadine Syrup(红石榴糖浆) 5滴
Get27(绿薄荷利口酒) 1/8 oz
Cherry Brandy(樱桃白兰地) 1/6 oz
Cointreau(君度) 1/5 oz
Brandy(白兰地) 1/4 oz

【用具】量酒器、吧匙

【杯具】1oz的利口酒杯

配方三：七色彩虹

【材料】Grenadine Syrup(红石榴糖浆) 1/4 oz
Kahlua(甘露咖啡利口酒) 1/4 oz
Get27(绿薄荷利口酒) 1/4 oz
Bols Banana(香蕉利口酒) 1/4 oz
Blue Curacao(波士蓝橙利口酒) 1/4 oz
Cointreau(君度) 1/4 oz
Brandy(白兰地) 1/4 oz

【用具】量酒器、吧匙

【杯具】利口酒杯

任务单　调制彩虹酒

任务内容	需要说明的问题
1. 彩虹酒调制原理	
2. 彩虹酒调制方法	
3. 调制彩虹酒所需要的工具	
4. 调制彩虹酒所需要的酒品	
5. 创新内容：测试、判断酒品调制顺序(配方)	
6. 调制彩虹酒注意事项	

知识链接

什么是“盎司”

盎司(香港译为安士)是英制计量单位，符号为ounce或oz。作为重量单位时也称为英两。酒吧常用液体盎司来量取酒液。

1英制液体盎司=28.41毫升

1美制液体盎司=29.57毫升

活动二　“天使之吻”的调制

掌握了彩虹酒的调制方法，除了能调出绚丽多彩的层次外，调酒师还可以根据这一手法调出许多带有浪漫色彩的酒品，例如“天使之吻”(Angel’s Kiss)。

信息页一　天使之吻的故事

这款天使之吻鸡尾酒口感甘甜而柔美，如丘比特之箭射中恋人的心。取一颗甜味樱桃置于杯口，在乳白色鲜奶油的映衬下，恍似天使的红唇，这款鸡尾酒因此得名。在情人节等重要的日子，喝一杯这样的鸡尾酒，爱神肯定会把思念传递给你朝思暮想的人。国外称之为“天使美人痣”。需要注意的是，可可利口酒、白兰地、紫罗兰利口酒、鲜奶油只有在调制成彩虹类餐后饮料时才被称为天使之吻。

信息页二 天使之吻(如图3-1-3所示)的调制

【材料】可可利口酒(或咖啡利口酒)　　2/3oz

　　　　鲜奶油(或三花淡奶)　　1/3oz

【用具】吧匙

【杯具】利口杯

【制法】① 将可可甜酒倒入利口酒杯中；

　　　　② 慢慢倒入鲜奶油，使其悬浮在可可甜酒上面；

　　　　③ 用鸡尾酒针将樱桃串起来，横放在杯口上。

【装饰】红樱桃1粒

【特点】饮用此酒，恰似与天使接吻，较适合女士饮用。

图3-1-3

信息页三 各类酒品密度一览表(如表3-1-1所示)

表3-1-1　各类酒品密度

酒名		密度	颜色
Green Chartreuse	绿色查特酒(修道院酒)	1.01	绿色
Cointreau	君度	1.04	无色
Peach liqueur	桃味利口酒	1.04	无色
Peppermint	薄荷酒	1.04	无色
Benedictine	泵酒	1.04	深金黄色
Brandy	白兰地	1.04	棕黄色
Midori melon liqueur	蜜瓜利口酒	1.05	绿色
Rock and Rye	加糖裸麦威士忌	1.05	金黄色
Apricot brandy	杏仁白兰地	1.06	橘黄色
Blackberry brandy	黑草莓白兰地	1.06	紫红色
Cherry brandy	草莓白兰地	1.06	紫红色
Peach brandy	桃味白兰地	1.06	琥珀色
Campari	金巴利	1.06	鲜红
Yellow Chartreuse	黄色查特酒(修道院酒)	1.06	黄色
Drambuie	杜林标	1.08	金黄色
Triple sec	白橙皮酒	1.09	无色
Tia maria	玛丽泰	1.09	褐色
Apricot liqueur	杏仁利口酒	1.09	橘黄色

(续表)

酒名		密度	颜色
Blackberry liqueur	黑草莓利口酒	1.10	紫红色
Amaretto	阿玛托	1.10	琥珀色
Blue Curacao	蓝色柑香酒	1.11	蓝色
Galliano	加利安奴	1.11	明黄色
Cherry liqueur	樱桃利口酒	1.12	红色
Green Creme de Menthe	绿色薄荷酒	1.12	绿色
White Creme de Menthe	白薄荷酒	1.12	无色
Sloe Gin	野莓金酒	1.04	深红色
Orange Curacao	柑香酒	1.08	橘黄色
Strawberry liqueur	草莓利口酒	1.12	红色
Coffee liqueur	咖啡利口酒	1.14	棕黑色
Creme de Banana	香蕉甜酒	1.14	黄色
Dark Creme de Cacao	深可可乳酒	1.14	褐色
White Creme de Cacao	白可可乳酒	1.14	无色
Kahlua	卡鲁娃咖啡酒	1.15	褐色
Anisette	安妮泽特	1.17	红色
Creme de Cassis	黑醋栗酒	1.18	黑红二色

知识链接

品酒小常识

在酒吧中，调酒师每调完一款心仪的鸡尾酒，总忍不住要品尝一下，但如何品尝才能不影响其他人饮用呢？这里教你一个简单、易行且卫生的方法：选一根干净的吸管，用拇指和中指捏住吸管的上半部分，食指张开，把吸管垂直插入酒液中，用食指堵住吸管上面的出孔，这时会有少许酒液进入吸管下端，小心翼翼地取出吸管，再把吸管的下端放入口中，这就完成了一次性的品尝。如果还要继续品尝其他酒品，请注意及时更换吸管。

任务单 试一试

一、调制天使之吻。

任务内容	需要说明的问题
1. 原料准备	
2. 调制方法	
3. 调制工具	
4. 装饰物	
5. 注意事项	

二、用兑和法调制的分层鸡尾酒还有很多，例如“B-52轰炸机”(如图3-1-4所示)等，请试着上网或从相关书籍中查找一下它们的配方，并调制一下吧，看谁查得最多、调得最好。

图3-1-4

温馨提示

为了吸引更多客人的眼球，调酒师要不断创造出惊人之举。调酒师点燃刚刚调好的B-52，蓝色的火焰在酒液上飘忽不定，吸引着好奇者的目光。勇敢者可以在点燃的瞬间一口将它喝掉，引来无数的掌声和惊叫声，刺激的场面可使你感觉到体内的血液在沸腾，心跳在加速！

当然，喝掉点燃的酒品有一定的技巧：首先，酒液刚刚被点燃时温度并不高，所以一定要在点燃的瞬间喝下，否则，温度一旦升高，炙热的火焰会烫伤舌头。其次，嘴要张得足够大，让酒液统统倒入口中，否则，流到外面，将会出现惨不忍睹的一幕。第三，手边一定要准备一块湿口布，以防出现意外时能及时把火盖灭。

活动三 “龙舌兰日出”的调制

前面介绍的主要是用兑和法调制分层的酒品，要求每一层界面都要清晰。接下来介绍的鸡尾酒调制的手法也是兑和法，但观赏效果和彩虹等酒品有所不同，酒品之间不再是清晰的界面，而是一种渐变色的感觉，其中比较经典的就是“龙舌兰日出”(Tequila Sunrise)。

信息页一 龙舌兰日出(如图3-1-5所示)的配方

【配料】Tequila(龙舌兰酒)　　1oz

Orange Juice(橙汁)	适量
Grenadine Syrup(红石榴糖浆)	1/2oz

【用具】量酒器

【杯具】柯林杯

【制法】① 先将冰块放入海波杯(或郁金香形香槟杯)中；

② 倒入龙舌兰酒；

③ 注入橙汁至8分满；

④ 把石榴糖浆沿着吧匙缓缓注入杯底，再迅速上下晃动一下杯子，鲜红的石榴糖浆将缓缓上升，像日出一样；

⑤ 橙片、红樱桃挂杯装饰即成。

【特点】此款鸡尾酒似漫天的朝霞装入酒杯，色彩绚丽，口感柔和，橙味明显。

信息页二 兑和法调制鸡尾酒的相关配方

配方一：金汤力(Gin and Tonic，如图3-1-6所示)

【材料】Gin(金酒) 1oz

Tonic(汤力水) 1听

【用具】量酒器

【杯具】海波杯

【装饰】柠檬片

【制法】① 将1oz金酒倒入海波杯中；

② 在杯中加入冰块；

③ 用汤力水注满；

④ 在杯中加入柠檬薄片进行装饰。

【特点】晶莹剔透的杯体中，冰块悬浮在酒中，气泡包围着柠檬薄片，感觉清凉而又爽口。口感舒适，配方简单，适合女士饮用。

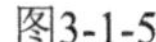
图3-1-5

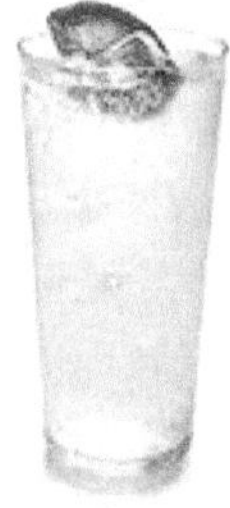

图3-1-6

配方二：血玛丽(Bloody Mary，如图3-1-7所示)

图3-1-7

【材料】Vodka(伏特加) 2oz
Tomato Juice(番茄汁) 1听
Fresh Lemon Juice(鲜榨柠檬汁) 1/2oz
乌斯特辣酱油 1/2茶匙
塔巴斯哥辣椒汁 酌量
现磨胡椒粉 酌量
盐 酌量

【用具】量酒器

【杯具】古典杯

【装饰】芹菜杆、柠檬角

【制法】① 将伏特加注入坦布勒杯中；
② 加入冰块，用番茄汁注满；
③ 根据客人需要加入调配料；
④ 加入柠檬角或芹菜杆，放入搅拌棒。

【特点】“血玛丽”是英国女王玛丽一世的别名。她在位时天主教和基督教之间起过争端，并发生过流血冲突，这段悲惨的历史在此款鸡尾酒名中被记录下来。

享受此酒的窍门之一是：自己调和一杯加有香料的鸡尾酒。在国外的酒吧式饭店中，此酒总是与辣椒水、辣酱油、香料一同出现，而且其杯口用柠檬角装饰，可根据个人喜好将其榨汁来调节味道。

血玛丽洋溢着一种番茄汁的香味，但入口时因为其中的伏特加，使其口感顺滑。而调配料所带的微辣，在舌尖和牙齿间颤抖，非常缠绵悱恻。在美国禁酒期间，血玛丽在地下酒吧非常流行，被称为“喝不醉的番茄汁”。

配方三：朗姆可乐(Rum Cola，如图3-1-8所示)

图3-1-8

【材料】Light Rum(浅色朗姆酒) 1oz
Cola(可乐) 1听

【用具】量酒器

【杯具】柯林杯

【装饰】柠檬片

【制法】① 将朗姆酒注入柯林杯中；
② 将切好的青柠放入杯中；
③ 加入冰块，用可乐注满酒杯，放入搅拌棒。

任务单　兑和法调制鸡尾酒

一、龙舌兰日出的调制。

任务内容	需要说明的问题
1. 原料准备	
2. 调制方法	
3. 调制工具	
4. 装饰物	
5. 注意事项	

二、用兑和法调制的鸡尾酒还有很多，除了本书涉及的鸡尾酒，请试着上网或从相关书籍中查找一下它们的配方，并调制一下吧，看谁查得最多、调得最好。

知识链接　短饮与长饮

一、短饮(Short Drinks)

短饮是容量小，2oz左右，酒精含量高的鸡尾酒。烈性酒常占总量的1/3或1/2以上，香料味浓重，并多以三角形鸡尾酒酒杯盛装，有时也用酸酒杯或古典杯盛装。这种鸡尾酒应当快饮，否则就会失去其独特的味道和特色。

二、长饮(Long Drinks)

长饮是容量大，常在6oz以上，酒精含量低，用水杯、海波杯、高杯盛装的鸡尾酒。其中，苏打水、奎宁水、果汁或水的含量较多。这种鸡尾酒可慢慢饮用，不必担心酒会走味。

任务评价

评价项目	具体要求	评价			
		😃	😐	☹	建议
兑和法调制鸡尾酒	1. 彩虹酒				
	2. 天使之吻				
	3. B-52				
	4. 龙舌兰日出				
	5. 金汤力				
	6. 血玛丽				
	7. 朗姆可乐				

（续表）

评价项目	具体要求	评价			
		😄	😐	😞	建议
学生自我评价	1. 原料、器具准备				
	2. 调制手法				
	3. 积极参与				
	4. 协作意识				
小组活动评价	1. 团队合作良好，都能礼貌待人				
	2. 工作中彼此信任，互相帮助				
	3. 对团队工作都有所贡献				
	4. 对团队的工作成果满意				
总计		个	个	个	总评
在兑和法调制鸡尾酒中，我的收获是：					
在兑和法调制鸡尾酒中，我的不足是：					
改进方法和措施有：					

任务二 干马天尼的调制——调和法

工作情境

小新是一位新来的酒吧服务员，今天正好当班，迎来了一批来自欧美的客人。在为客人点单时，遇到了一件让他意想不到的事，这下可急坏了小新：客人们对马天尼鸡尾酒非常感兴趣，而且要求品尝不同口味的马天尼鸡尾酒。当他把客人的点单送到吧台时，经验丰富的调酒师小张帮他解决了这个棘手问题。

具体工作任务

- 了解调和法与调和滤冰法的调制原理及方法；
- 准备调和法调制酒品所需要的工具和酒品；
- 调和法调制鸡尾酒注意事项；
- 写出本组调制鸡尾酒的情况和注意事项；
- 相关酒品的调制。

活动一　“干马天尼”的调制

马天尼酒被称为“鸡尾酒中的最佳杰作”——鸡尾酒之王。有人说：“鸡尾酒自马天尼酒开始，又以马天尼酒告终。”马天尼酒的原型是杜松子酒加某种酒，最早以甜味为主，选用甜苦艾酒为副材料。随着时代的变迁，辛辣的味感逐渐成为主流。

信息页一　调和法调制鸡尾酒

调和法调制鸡尾酒，就是把材料和冰块放入调酒杯，再用吧匙迅速搅拌，同时也有冷却材料的目的。在搅拌容易混合的材料时或者灵活处理材料的原味时比较适合。

(1) 吧匙的用法和搅动方法：握住吧匙的螺旋状部分进行搅动。用中指和无名指夹住吧匙的螺旋状部分，用拇指和食指握住吧匙的上部(如图3-2-1所示)。搅动时，用拇指和中指轻轻地扶住吧匙，以免吧匙倾倒，用中指指腹和无名指背部按顺时针方向转动吧匙。向调酒杯里放入吧匙或取出吧匙的时候，应把吧匙背面朝上。搅拌的时候，应保持吧匙背面朝着调酒杯外侧，以免吧匙碰着冰块。搅动的次数以7～8次为标准，这时还应注意手腕处子母扣的节奏。搅动结束后，使吧匙背面朝上轻轻取出来。

(2) 搅动的步骤：按照配方的顺序把材料放入调酒杯，再加入冰块。冰块比摇动时放入的冰块稍大些，直到装至调酒杯容量约6成，使用的调酒杯最好事先冷却好。放入材料后，用没握吧匙的手按住调酒杯的下部开始搅动。迅速搅动后，把滤冰器扣在调酒杯上，并用食指紧紧按住滤冰器，其余手指拿起调酒杯向鸡尾酒杯里倒(如图3-2-2所示)。这时，用另一只手的指尖按住鸡尾酒杯的下部，就不必担心鸡尾酒杯倾倒了。

(3) 需用酒具：调酒杯、吧匙、量杯、滤冰器、酒杯等。

图3-2-1

图3-2-2

信息页二 干马天尼(Dry Martini)的调制方法——调和滤冰法

调和滤冰法的主要特点是在调酒杯中加入冰块和材料，以吧匙搅拌均匀后，盖上滤冰器，将酒倒入酒杯的调制方法，不需要在酒杯中添加冰块。下面来看看传统干马天尼(如图3-2-3所示)的配方和调制方法。

【材料】Gin(金酒) 2oz

Martini Dry(干味美思) 1/2oz

【用具】量酒器、调酒杯、滤冰器、冰桶和冰夹

【杯具】鸡尾酒杯

【装饰】青橄榄

【制法】① 洗净双手并擦干；

② 在鸡尾酒杯中加入冰块，进行冰杯；

③ 用冰夹取适量冰块置于调酒杯中；

④ 用量酒杯将干味美思、金酒倒入酒杯内；

⑤ 用吧匙进行调和，搅拌10次左右即可；

⑥ 将鸡尾酒杯里的冰块倒掉；

⑦ 使用滤冰器过滤冰块，将酒倒入鸡尾酒杯中；

⑧ 用水果夹夹取橄榄放入杯内；

⑨ 将调制好的鸡尾酒置于杯垫上；

⑩ 清洁器具、清理工作台。

图3-2-3

【特点】传统的标准鸡尾酒。酒度高，为餐前饮品，有开胃提神之效。

马天尼鸡尾酒在20世纪20年代和第二次世界大战期间开始大受欢迎。金酒、辛辣的金酒、愈加辛辣的金酒，不断地影响和改变着马天尼的口味，然后再慢慢变得温和。黄金时代是20世纪60年代：爵士乐和拉美音乐，彻夜跳舞直到天亮，那时曼哈顿的酒吧巨

大但隐蔽。007系列电影的主角詹姆斯·邦德更是让这种酒变得家喻户晓。如今，马天尼已经成为鸡尾酒的象征和夜生活的暗语。美国的酒吧，常常用一只典型的马天尼酒杯和一片橄榄叶作为招牌。

温馨提示

马天尼为传统鸡尾酒，强调烈酒和味美思的比例，可从1：1到6：1不等，有甜、中、干3种味道。如果用甜味美思，则为甜马天尼。如果一半干味美思一半甜味美思，则为中性马天尼或完美马天尼。如果用干味美思，则为干马天尼，其号称鸡尾酒之王。如果装饰物用珍珠洋葱(Cocktail Onion)替代橄榄(Olive)就叫吉布森(Gibson)。

信息页三 其他马天尼鸡尾酒的调制

冰冷、纯粹、锐利、自然而又深奥，让马天尼看起来更加适合深沉、优雅的男性，透明无色、有着淡泊口感和清爽香味的金酒，是它的基酒。马天尼还有另外一种普遍但很受争议的变种——伏特加马天尼(Vodka Martini)，调制方法和基本的Martini没有区别，只不过把金酒换成了伏特加。20世纪90年代，Vodka Martini取代了金酒为基酒的Martini，广泛流行起来。

配方一：伏特加马天尼

【材料】Vodka(伏特加)　　1.5oz

Vermouth Dry(干味美思)　　少许

(注：干味美思还可以换成甜味美思，然后整个酒可以称为甜味美思马天尼)

【用具】量酒杯、调酒杯、冰桶和冰夹

【杯具】鸡尾酒杯

【装饰】青橄榄

【制法】材料放入有冰的调酒壶内，充分摇匀，倒入冰好的鸡尾酒杯中，最后用橄榄叶(因为橄榄叶在中国并不多见，所以酒吧里的调酒师会用橄榄来代替)作装饰。

配方二：甜马天尼(Sweet Martini)

【材料】Gin(金酒)　　1oz

Sweet Vermouth(甜味美思)　　2/3oz

【用具】量酒杯、调酒杯、冰桶和冰夹

【杯具】鸡尾酒杯

【装饰】红樱桃

【制法】同上。

配方三：清酒马天尼

【材料】Gin(金酒)　　1.5oz

Sake(清酒)　　0.5oz

【用具】量酒杯、调酒杯、冰桶和冰夹

【杯具】鸡尾酒杯

【装饰】青橄榄

【制法】① 将材料和冰放入调酒杯中用吧匙调匀；

② 用滤冰器罩住调酒杯注入放有橄榄的鸡尾酒杯。

【特点】将马天尼的味美思(干)换成清酒，就变成一款日式风味的鸡尾酒。清酒圆润清爽的风味使这款鸡尾酒口味清新雅致。喜欢干烈口味的饮用者可选用清淡辛辣型清酒；喜欢甘甜口味的饮用者可选用甜口的清酒。这款鸡尾酒将为饮用者增添一份洒脱，适宜在宁静高雅的酒吧饮用。

配方四：中性马天尼(Medium Martini)

【材料】Gin(金酒)　　1oz

Martini Dry(干味美思)　　1/2oz

Martini Rosso(马天尼红)　　1/2oz

【用具】量酒杯、调酒杯、冰桶和冰夹

【杯具】鸡尾酒杯

【装饰】青橄榄

【制法】加冰块搅匀后滤入鸡尾酒杯，用樱桃和柠檬皮装饰。“中性马天尼”又称为“完美型马天尼”(Perfect Martini)。

知识链接

摇和马天尼与调和马天尼的区别

作为Martini的初学者，你一定要知道摇和马天尼与调和马天尼的区别。注昔的经典Martini是用调和法调制的，不会损伤到金酒，“马天尼永远都应该是调和而不是摇和的，只有这样，才能让分子舒服地躺在其他分子上面”。坚持传统的一方认为，摇晃的动作会让冰破碎，从而产生更多的水，这样会减弱酒的劲度，影响到口味，除此之外，摇晃也会导致一些微小空气颗粒的进入，从而令Martini看起来混浊，不再清澈透明。而电影中的詹姆斯·邦德则永远坚持他的"shaken，not stirred"饮料。在一些地方，一瓶通过摇和法调成的Martini甚至被称为Martini James Bond。

加拿大的科学家发现，摇匀的马天尼酒可以令酒内的抗氧化剂更活跃，帮助人体抵抗癌症，降低心脏发病的风险，并使老化的速度减慢。

任务单　试一试

一、干马天尼调制。

任务内容	需要说明的问题
1. 原料准备	
2. 调制方法	
3. 调制工具	
4. 装饰物	
5. 注意事项	

二、用调和滤冰法调制的鸡尾酒还有很多，除了本书涉及的鸡尾酒，请试着上网或从相关书籍中查找一下它们的配方，并试着调制一下吧，看谁查得最多、调得最好。

活动二　"黑(白)俄罗斯"的调制

黑俄罗斯的调制方法和干马天尼的调制方法略有差异。前者不需要使用调酒杯，而是直接在饮用杯具中加冰块，按配方添加材料，再用吧匙轻轻调和即可，无须过滤冰块。

信息页一　黑俄罗斯(Black Russian，如图3-2-4所示)的配方

【材料】Kahlua(甘露咖啡利口酒)　1oz

Vodka(伏特加)　1/2oz

【用具】量酒杯、调酒杯、冰桶和冰夹

【杯具】古典杯

【制法】在古典杯里放入一定量的冰块，将上述材料倒入杯中即可。

【特点】这款酒散发着高雅的香气，酒精浓度虽高，但却容易入口。它以产自俄罗斯的伏特加为基酒，因其色泽而得名。

图3-2-4

信息页二 白俄罗斯(White Russian，如图3-2-5所示)的配方

【材料】Kahlua(甘露咖啡利口酒) 1oz

Vodka(伏特加) 1/2oz

Cream(牛奶或奶油) 1/2oz

【用具】量酒杯、调酒杯、吧匙、冰桶和冰夹

【杯具】古典杯

【制法】① 在古典杯里放入一定量的冰块；

② 将伏特加和咖啡利口酒注入盛有冰块的古典杯中调匀；

③ 从上面轻轻淋入鲜奶油，使其浮于表面。

【特点】甜香、醇厚、爽滑与新鲜的四重奏让人充分体验聚会的无穷活力。

这款鸡尾酒有加了牛奶的冰咖啡味道，由于伏特加没有怪味，所以溶于其中的咖啡利口酒香味就原封不动地体现出来。可以尝试香草味或者覆盆子口味的伏特加搭配豆奶。无论感观还是味道都可享受到冰咖啡的乐趣。

图3-2-5

信息页三 调和滤冰法调制鸡尾酒的相关配方

配方一：罗伯罗依(Rob Roy，如图3-2-6所示)

【材料】Bourbon Whiskey(波旁威士忌) 1.5oz

甜苦艾酒 3/4oz

【用具】量酒杯、调酒杯、吧匙、冰桶及冰夹

【杯具】鸡尾酒杯

【装饰】红樱桃

【制法】① 用冰夹取适量冰块置于调酒杯中；

② 用量酒杯将材料倒入调酒杯内；

③ 用吧匙进行调和，搅拌10次左右即可；

④ 使用滤冰器过滤冰块，将酒倒入鸡尾酒杯中；

⑤ 用水果夹夹取红樱桃放入杯内；

⑥ 将调制好的鸡尾酒置于杯垫上；

⑦ 清洁器具，清理工作台。

图3-2-6

配方二：生锈钉(Rusty Nail，如图3-2-7所示)

图3-2-7

【材料】Scotch whisky(苏格兰威士忌) 1.5oz

蜂蜜香甜酒 3/4oz

【用具】量酒杯、调酒杯、吧匙、冰桶和冰夹

【杯具】古典杯

【制法】① 用冰夹取适量冰块置于调酒杯中；

② 用量酒杯将材料倒入调酒杯内；

③ 用吧匙进行调和，搅拌10次左右即可；

④ 使用滤冰器过滤冰块，将酒倒入鸡尾酒杯中；

⑤ 将调制好的鸡尾酒置于杯垫上；

⑥ 清洁器具，清理工作台。

配方三：曼哈顿(Manhattan Cocktail，如图3-2-8所示)

图3-2-8

【材料】Whiskey(威士忌) 1oz

甜味苦艾酒 1/2oz

【用具】量酒杯、调酒杯、吧匙、冰桶和冰夹

【杯具】鸡尾酒杯

【装饰】红樱桃

【制法】① 用冰夹取适量冰块置于调酒杯中；

② 用量酒杯将材料倒入调酒杯内；

③ 用吧匙进行调和，搅拌10次左右即可；

④ 使用滤冰器过滤冰块，将酒倒入鸡尾酒杯中；

⑤ 将调制好的鸡尾酒置于杯垫上；

⑥ 清洁器具，清理工作台。

【特点】现在的纽约州曼哈顿岛，以前是美属维尔京群岛，此处的酋长本来反对签订土地买卖合同，但因饮用了“曼哈顿(醉鬼)”而在合同上签了名，此地名由此而来。这样有趣的鸡尾酒，是酒会不可缺少的饮品。在餐馆中，如果稍微添加一些用味美思酒调和的鸡尾酒，其味甘甜，很有人气；如果遵循美国式的饮用习惯，可在酒中加冰饮用；如果要调和美国式鸡尾酒，就须用美国产威士忌，基酒可选用辛辣威士忌，手头没有，可用旁波威士忌代替，晶莹剔透的液体辉映着酒吧的灯光，简直就是纽约夜景的写照。

知识链接

鸡尾酒的调制与装饰

一、鸡尾酒的一般调制步骤

调制鸡尾酒时，一定要注意个人卫生、着装、仪表，注重礼节礼貌。

(1) 按配方准备酒品、辅料、装饰物、摇壶、量酒器、杯具和杯垫；

(2) 先在摇壶中加冰块，再按先辅后主的原则添加酒料(注意示瓶动作)；

(3) 按配方要求调制酒水；

(4) 将调好的酒液倒入杯中(长饮需在杯中加满冰块)；

(5) 按配方要求添加装饰物(注意果夹的使用)；

(6) 将调好的鸡尾酒放在杯垫上，示意调酒结束；

(7) 收拾台面，先将酒料放回原处，再清洗用具，把台面擦拭干净。

二、鸡尾酒杯的装饰

在鸡尾酒杯中用红樱桃装饰，表示此款鸡尾酒为甜味；用洋葱装饰表示此款鸡尾酒为辣味。但现在仅为装饰用，无其他意思。

任务单　试一试

一、调制黑(白)俄罗斯。

任务内容	需要说明的问题
1. 原料准备	
2. 调制方法	
3. 调制工具	
4. 装饰物	
5. 注意事项	

二、用调和滤冰法调制的鸡尾酒还有很多，除了本书涉及的鸡尾酒，请试着上网或从相关书籍中查找其配方，并试着调制一下，看谁查得最多、调得最好。

活动三　“长岛冰茶”的调制

“长岛冰茶”(Long Island Iced Tea)这款鸡尾酒是一类调和鸡尾酒的通称，起源于冰岛。据说在20世纪20年代美国禁酒令期间，酒保将烈酒与可乐混成一杯看似茶的饮品。还有一种说法，是在1972年，由长岛橡树滩客栈(Oak Beach Inn)的酒保发明了这种以4种基酒混制出来的饮料。调和此酒时所使用的酒基本上都是40%以上的烈酒。虽然取名“冰茶”，但口味辛辣。鸡尾酒配方中有各种配料的用量，与药店和医院的计量是一样的，而且配方不止一个。

本活动中所涉及的鸡尾酒的主要特点是，除了基本酒料外，最后还要在顶部注入碳酸饮料。

信息页一 “长岛冰茶”的配方

长岛冰茶(如图3-2-9所示)，是一款很常见的鸡尾酒，大部分酒吧和俱乐部都会出售，但做得好却不容易。这款酒很考验人，不光考验制作鸡尾酒的调酒师(Bartender)，还考验喝酒者。

【材料】

Vodka(伏特加)	1/2oz
Rum(棕朗姆酒)	1/2oz
Tequila(龙舌兰)	1/2oz
Triple Sec(橙皮酒)	1/2oz
Gin(金酒)	1/2oz
Lemon Juice(柠檬汁)	1/2oz
糖水	1/2oz
可乐	适量

图3-2-9

【用具】量酒杯、调酒杯、吧匙、冰桶和冰夹

【杯具】柯林杯

【装饰】柠檬片、吸管

【制法】① 将除可乐外的所有材料倒入盛满冰块的大型柯林杯中；

② 用可乐注满后，用吧匙慢慢调和；

③ 用柠檬片作装饰，放入两根粗吸管；

④ 将酒杯放在杯垫上；

⑤ 整理台面。

【特点】看似柠檬红茶的它，外表柔和，色泽通透红润，让人瞬间撤掉所有戒备，以为可以忘情狂饮。然而，喝过的人都知道，它是毋庸置疑的烈酒，酒精成分相当高，虽然取名冰茶，却是在没有使用半滴红茶的情况下调制出来的，可以不动声色地、渐渐麻醉饮酒者的神经，使其浑然不觉自己醉了。轻啜一口，入喉感很是温润，口味有点甜、有些许酸，还带着微微的苦，甚是接近红茶，却比红茶多了些暗藏的辛辣，诱惑的气息弥漫开来。

知识链接

长岛冰茶的其他饮用方法

长岛冰茶还可再加1/2oz樱桃白兰地、1oz柳橙汁、1/2oz白兰地，增加酒的烈性。调和此酒时所使用的酒基本上都是40%以上的烈酒。即使是冰茶的酒精度，也比“无敌鸡尾酒”要强。尝试饮用此酒后，再去饮用用酒精度稍弱的酒调和的相同配比的鸡尾酒，就不会害怕酒精鸡尾酒了。

一般来说，一杯长岛冰茶至少由5种基酒调制而成：醇厚的伏特加，微酸的北国朗姆，甜味的龙舌兰，清凉的柑橙利口酒，还有浓味的杜松子。配上柠檬汁跟可乐，就成了融合多种风味的长岛冰茶。一如柠檬红茶的美丽温柔，却在低调外表和甜蜜味道下隐藏着令人刮目相看的后坐力。这就是它知名的原因，无怪乎调酒界喜欢溺爱地把这款Cocktail称为“披着羊皮的狼”。

配方一：自由古巴(Cuba Libre，如图3-2-10所示)

【材料】Dark Rum(深色朗姆酒)　1oz

Lemon Juice(柠檬汁)　1/2oz

可乐　适量

【用具】量酒杯、吧匙、冰桶和冰夹

【杯具】柯林杯

【装饰】柠檬片、吸管

【制法】①将除可乐外的所有材料倒入盛满冰块的大型柯林杯中；

②用可乐注满后，用吧匙慢慢调和；

③用柠檬片作装饰，放入两根粗吸管；

④将酒杯放在杯垫上；

⑤整理台面。

图3-2-10

【特点】自由古巴鸡尾酒源于古巴，当时的古巴人喜欢把发酵的朗姆汁加一些蜂蜜和咖啡来喝，保持朗姆酒的特殊味道还不会喝醉，于是在那个特殊的年代，给这款鸡尾酒起了自由古巴这样响亮的名字。

当古巴独立战争接近尾声时，受到了美国禁酒令的影响，这种酒就被藏到了暗处，但在古巴的美国军人并没有严格遵守禁酒令。在一个闷热的下午，有个美国军人在小酒馆要了杯冰的朗姆酒，之后怕被发现喝酒，就在朗姆酒里加了可口可乐，此后很多军人效仿他。之后有个古巴当地人，发现这样勾兑过的酒，味道很像古巴人发明的“自由古巴”。没想到一个美国军人为了逃避禁酒令，竟然用很简单的方法调出了自由古巴鸡尾酒，且一直流传至今。

配方二：马颈(Horse Neck，如图3-2-11所示)

图3-2-11

【材料】Bourbon Whiskey(波本威士忌)　1.5oz

Tonic(汤力水)　适量

Ginger Ale(姜汁汽水)　适量

【用具】量酒杯、吧匙、冰桶和冰夹

【杯具】柯林杯

【装饰】螺旋状柠檬皮1个、吸管

【制法】① 把冰块和螺旋状柠檬皮放进酒杯；

② 加进威士忌，注入汤力水，倒进姜汁汽水至8分满；

③ 用搅拌长匙略搅后插上吸管；

④ 将酒杯放在杯垫上；

⑤ 整理台面。

任务单　试一试

一、长岛冰茶的调制。

任务内容	需要说明的问题
1. 原料准备	
2. 调制方法	
3. 调制工具	
4. 装饰物	
5. 注意事项	

二、用调和法调制含碳酸饮料的鸡尾酒还有很多，除了本书涉及的鸡尾酒，请试着上网或从相关书籍中查找其配方，并试着调制一下，看谁查得最多、调得最好。

知识链接　调制鸡尾酒应遵循的原则

(1) 调制前，杯具应先洗净擦亮，可事先冰镇；

(2) 根据需要准备酒具、酒品；

(3) 按照配方步骤逐步调配；

(4) 量酒时必须使用量酒器，以保证口味一致；

(5) 搅拌饮料时应避免时间过长；

(6) 调酒时要注意个人卫生，尤其是手的清洁；

(7) 用新鲜冰块，冰块大小、形状与饮料要求一致；

(8) 用新鲜水果装饰；

(9) 装饰要与饮料要求一致，尽量不用手接触装饰物；

(10) 挤汁时最好用新鲜水果，事先用热水浸泡可多出汁；

(11) 使用优质的碳酸饮料，不能放在摇壶里摇；

(12) 上霜要均匀，杯口不可潮湿；

(13) 蛋清是为了增加酒的泡沫，要用力摇匀；

(14) 加入原料时应遵循成本原则，先辅料后主料；

(15) 调制数杯相同的酒应平均分配；

(16) 动作规范、标准、快速和美观。

任务评价

评价项目	具体要求	评价			
		😀	😐	😞	建议
调和法调制鸡尾酒	1. 干马天尼				
	2. 黑(白)俄罗斯				
	3. 罗伯罗依				
	4. 生锈钉				
	5. 曼哈顿				
	6. 长岛冰茶				
	7. 自由古巴				
	8. 马颈				
学生自我评价	1. 原料、器具准备				
	2. 调制手法				
	3. 积极参与				
	4. 协作意识				
小组活动评价	1. 团队合作良好，都能礼貌待人				
	2. 工作中彼此信任，互相帮助				
	3. 对团队工作都有所贡献				
	4. 对团队的工作成果满意				
总计		个	个	个	总评

(续表)

评价项目	具体要求	评价			
		😀	😐	😞	建议
在调和法调制鸡尾酒中，我的收获是：					
在调和法调制鸡尾酒中，我的不足是：					
改进方法和措施有：					

任务三 “红粉佳人”的调制——摇和法

工作情境

酒吧经常是情侣们光顾的场所。一对刚结识不久的情侣携手走近吧台，男孩子想为心仪的女朋友点一杯高雅亮丽的鸡尾酒以示自己的爱慕之情。正在小伙子犹豫之际，调酒师小智看出了男孩的心情，及时推荐了一款颜色鲜红美艳、酒味芳香、入口润滑的鸡尾酒——红粉佳人。在小智娴熟的技艺面前，这对情侣仰慕不已，成为酒吧的常客。调制这杯鸡尾酒可不简单，要有一定的规则啊！

具体工作任务

- 了解摇和法的调制原理和方法；
- 准备摇和法调制酒品所需要的工具和酒品；
- 摇和法调制鸡尾酒注意事项；
- 写出本组调制鸡尾酒的情况和注意事项；
- 相关酒品的调制。

活动一 “红粉佳人”的调制

兑和法与调和法是酒吧中简单鸡尾酒的调制方法，对于一些难以混合均匀的配料来说，就需要用专用工具和特殊调制手法——摇和法来进行。

信息页一 摇和法调制鸡尾酒

摇和法，即把材料和冰块放入摇酒壶内摇晃使之混合。这能使难以混杂的材料混合在一起，还能用冰块使之迅速冷却。此外，酒精含量高的酒在摇动过程中，还能磨去冰块的棱角，从而获得爽口的味道。

(1) 材料放入摇酒壶的顺序：先放入基本材料再放入辅助材料，还是先放入辅助材料再放入基本材料，各种意见并不相同，但是必须按照配方的顺序操作。一般情况下，初学者应该先放入辅助材料再放入基本材料，这样一旦发生错误，可以减少基本原料的浪费。

(2) 滤冰器、顶盖安装方法：操作分两个步骤，在放入材料和冰块后，先紧紧扣上滤冰器，然后盖上顶盖。如果一次性装上滤冰器和顶盖，由于摇壶内的气压增大，在摇动过程中，滤冰器就可能弹出。所以不要嫌麻烦，应分别装上滤冰器和顶盖。

(3) 摇壶的握法：首先把摇壶置于左胸前。摇动方法有两种：一种是从斜上方→原位→斜下方→原位反复进行的两段摇动法；另一种是从准备位置向前方推出，然后回到原位反复做活塞运动的一段摇动法。无论采用哪种摇动方法，只要能迅速使材料混合在一起就行。其要领是振动手腕，从而感到一种有节奏的声响，尽量保持体态的美观大方。如果还不熟练，可以在摇壶中放入米，在镜前边感受节奏边练习。摇动时间按摇动次数计算，摇15～16次，到接触摇壶的指尖发冷，壶身表面出现白霜时就足够了。如果是用鸡蛋、鲜奶油等不易混合的材料，可适当延长摇和时间。摇妥后可打开顶盖，用食指按住滤冰器向酒杯里倒酒，同时另一只手最好扶住酒杯的底部。

(4) 需要的酒具：摇酒壶、量杯和酒杯。

(5) 注意事项：配方中如遇碳酸饮料，一定不能加在摇壶中摇荡。

信息页二 红粉佳人(Pink Lady，如图3-3-1所示)的调制

1911年，伦敦上演了《红粉佳人》这部戏剧，在随后的酒会上，为了追捧女主角，而将此酒命名为“红粉佳人”。点用此酒的以女性居多，但其口味并不是针对女性的，其酒精度也很高，饮用时一定要注意。

【材料】Gin(金酒)　1oz

Grenadine Syrup(红石榴糖浆)　1/4oz

Lemon Juice(柠檬汁)　1/2oz

Egg White(蛋清)　1个

【用具】摇酒壶、量杯

【杯具】鸡尾酒杯

【装饰】红樱桃

图3-3-1

【制法】① 洗净双手并擦干；

② 在鸡尾酒杯中加入冰块，进行冰杯；

③ 备好酒水材料、调酒用具、杯具；

④ 取适量冰块(方冰3～5块)放入摇壶中；

⑤ 按配方先辅料后主料的顺序加入材料；

⑥ 盖好滤冰网和盖子，用单手摇或双手摇的方法摇混均匀至外部结霜即可；

⑦ 将鸡尾酒杯里的冰块倒掉，滤入鸡尾酒；

⑧ 用吧匙将红樱桃取出，用刀在其底部划一口子，置于鸡尾酒杯上；

⑨ 将调制好的鸡尾酒置于杯垫上；

⑩ 清理工作台。

【特点】色泽艳丽，美味芬芳，酒度为中度，属酸甜类的餐前短饮，是传统的标准鸡尾酒，深受女性喜欢。

温馨提示

由于蛋清较难与其他材料混合，所以在调制这款酒时，一定要充分摇和。从调酒器中滤酒时，要倒得彻底。因为这款酒需要酒面上浮些泡沫，而泡沫往往在最后才能倒出。摇混时，手掌绝对不可紧贴调酒器，否则手温会透过调酒器使壶体内的冰块融化得太快，导致鸡尾酒酒味变淡。调制这款酒的关键是红石榴糖浆的用量，用量少了，酒的颜色呈粉红；用量多了，酒的颜色又呈深红，而且口味也会有变化。由于量酒杯容量较大，很难准确量出7.5ml，因此建议使用吧匙，2吧匙大约为7.5ml。

信息页三　摇和法调制鸡尾酒的配方

配方一：青草蜢鸡尾酒(Grasshopper，如图3-3-2所示)

【材料】Peppermint Green(绿色薄荷酒)　2/3oz

图3-3-2

Creme de Cacao White(白色可可甜酒) 2/3oz

Fresh Cream(鲜奶油) 2/3oz

【用具】摇酒壶、量杯

【杯具】鸡尾酒杯

【装饰】绿樱桃

【制法】① 将所有材料倒入摇壶中，剧烈地摇和；

② 将摇和好的酒倒入鸡尾酒杯中。

【特色】“青草蜢”是一类以餐后甜酒为基础酒的鸡尾酒，其辅料是牛奶或奶油。可作为餐后酒饮用。在酒店中的餐厅或高级餐馆中，如果能点用此酒，肯定会受到年轻女性的喜欢。这是很多初饮鸡尾酒的女性喜欢的一款鸡尾酒。

此酒奶香突出，清凉爽口，具有晕色效果的绿色使人更容易想到草丛中的青草蜢，难道不想来一杯尝尝？要调出这款酒的颜色，绝对不可缺少的是白色可可甜酒。普通的茶色可可甜酒虽然味道一样，但却调不出这么漂亮的颜色。另外，调和鸡尾酒用的鲜奶油不可能常备，使用罐装或听装的炼乳也可以，而且很方便。

配方二：迈泰(Mai Tai，如图3-3-3所示)

图3-3-3

【材料】Light Rum(浅色兰姆酒) 1oz

Dark Rum(深色朗姆酒) 1oz

Triple Sec(白柑橘香甜酒) 0.5oz

Orange Juice(橙汁) 1.5oz

Pineapple Juice(菠萝汁) 3oz

Grenadine Syrup(红石榴糖浆) 1/3oz

【用具】摇酒壶、量杯

【杯具】柯林杯

【装饰】穿叉菠萝片与红樱桃、吸管

【制法】① 摇壶内添加1/2冰块；

② 按配方加入酒料；

③ 摇至外部结霜；

④ 将摇壶中的酒料倒入柯林杯；

⑤ 穿叉红樱桃与菠萝片挂在杯口，插上吸管；

⑥ 将酒杯置于杯垫上。

【特点】这是一杯来自加勒比海的饮料，这种知名的鸡尾酒即使在热带气候中，也能带来一丝清凉。

配方三：蓝色夏威夷(Blue Hawaii，如图3-3-4所示)

【材料】Light Rum(浅色兰姆酒) 1.5oz

Blue Curacao(蓝色柑橘酒) 2/3oz

Pineapple Juice(菠萝汁) 2oz

Lemon Juice(柠檬汁) 1/2oz

【用具】摇酒壶、量杯

【杯具】老式杯

【装饰】一片菠萝及一粒红樱桃

图3-3-4

【制法】① 摇壶内加入一半冰块；

② 将上述材料倒入摇壶摇匀；

③ 倒入老式杯；

④ 杯内放入装饰物。

【特点】蓝色柑香利口酒代表蓝色的海洋，塞满酒杯的碎冰象征着泛起的浪花，而酒杯里散发着的果汁甜味犹如夏威夷的微风细语。这款鸡尾酒一直是以色香味俱全和洋溢着海岛风情而广受顾客青睐。

摇壶手法

摇壶手法主要有2种：单手摇壶和双手摇壶。

单手摇壶(如图3-3-5所示)，可用于较容易混合均匀的酒品。手法是：右手食指扣住壶盖，拇指和其余手指的指肚包住壶体。利用手腕的力量左右震荡15～20次，直至壶体表面出现霜雾为止。

为了能将酒液充分混合均匀，使用双手摇和法(如图3-3-6所示)更好一些，其方法如下。

图3-3-5

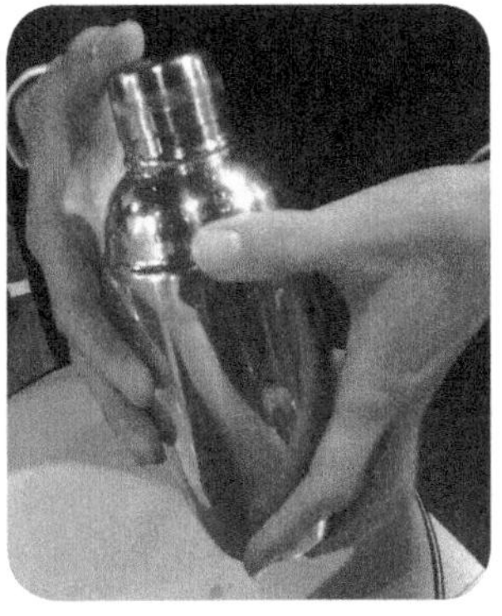

图3-3-6

⑴ 盖好摇壶后，以右手大拇指抵住上盖，食指及小指夹住摇壶，中指及无名指支持摇壶。

(2) 左手无名指托住摇壶底部，食指及小指夹住摇壶，大拇指压住过滤盖。

(3) 双手握紧摇壶，手臂抬高至肩膀，再用手腕来回甩动。

(4) 摇荡时速度要快，来回甩动约10次，再以水平方式前后来回摇动约10次即可。

任务单 试一试

一、红粉佳人的调制。

任务内容	需要说明的问题
1. 原料准备	
2. 调制方法	
3. 调制工具	
4. 装饰物	
5. 注意事项	

二、用摇和法调制的鸡尾酒还有很多，除了本书涉及的鸡尾酒，请试着上网或从相关书籍中查找其配方，并试着调制一下吧，看谁查得最多、调得最好。

活动二 “新加坡司令”的调制

“新加坡司令”是先将基本材料在摇壶中加冰块摇匀注入酒杯后，再向杯中倒入碳酸饮料的鸡尾酒，调制手法上有一定难度，属先摇和再兑和的调制手法。下面我们一起来看看这类鸡尾酒的调制方法。

信息页一 新加坡司令(Singapore Sling，如图3-3-7所示)的调制

新加坡司令是一款著名的鸡尾酒，其发明者为 Ngiam Tong Boon(严崇文)，是他于1915年间担任新加坡莱佛士酒店 Long Bar 酒吧的酒保时调制的。配方几经变更，目前版本的配方是由严崇文的后人改良定稿的。

【材料】Gin(金酒) 1oz

Grenadine Syrup(红石榴糖浆) 1/2oz

Lemon Juice(柠檬汁) 1/2oz

Cherry Brandy(樱桃白兰地) 1/2oz

Soda Water(苏打水) 1听

【用具】摇酒壶、量杯、吧匙

图3-3-7

【杯具】柯林杯

【装饰】穿叉柠檬片与红樱桃

【制法】① 洗净双手并擦干；

② 在摇壶中加入冰块；

③ 按配方加入金酒、红石榴糖浆、柠檬汁；

④ 盖上壶盖充分摇匀，至外部结霜，倒入加适量冰块的柯林杯中；

⑤ 加入苏打水至8分满，并用吧匙搅拌均匀；

⑥ 在酒液上方淋上樱桃白兰地；

⑦ 穿叉柠檬片与红樱桃于杯口，放入吸管与调酒棒，置于杯垫上；

⑧ 收拾台面。

【特点】有些鸡尾酒是以城市名称命名的，本鸡尾酒就是其中之一。它诞生在新加坡波拉普鲁饭店。口感清爽的金酒配上热情的樱桃白兰地，喝起来更加舒畅。夏日午后，品饮这款酒能使人疲劳顿消。新加坡航空公司所有航线的所有等级舱位中都免费提供该款鸡尾酒。

信息页二 摇和法+兑和法调制鸡尾酒的相关配方

配方一：银费士(Silver Fizz，如图3-3-8所示)

图3-3-8

【材料】

Gin(金酒)	1oz
Lemon Juice(柠檬汁)	1/2oz
Egg White(蛋白)	1个
Suger Syrup(白糖浆)	1/2oz
Soda Water(苏打水)	1听

【用具】量酒杯、摇壶、吧匙

【杯具】柯林杯

【装饰】柠檬片

【制法】① 洗净双手并擦干；

② 在摇壶中加入冰块；

③ 按配方加入酒料；

④ 盖上壶盖充分摇匀，至外部结霜，倒入加适量冰块的柯林杯中；

⑤ 加入苏打水至8分满，并用吧匙搅拌均匀；

⑥ 在酒液上方淋上樱桃白兰地；

⑦ 穿叉柠檬片与红樱桃于杯口，放入吸管与调酒棒，置于杯垫上；

⑧ 收拾台面。

配方二：汤姆柯林斯(Tom Collins，如图3-3-9所示)

【材料】Gin(金酒) 1.5oz

Lemon Juice(柠檬汁) 1/2oz

Suger Syrup(白糖浆) 1/2oz

Soda Water(苏打水) 1听

【用具】量酒杯、摇壶、吧匙

【杯具】柯林杯

【装饰】柠檬片、红樱桃

【制法】① 将金酒、柠檬汁、白糖浆轻轻摇和；

② 将摇和好的酒倒入高杯中；

③ 加入冰块，注满苏打水；

④ 用柠檬片和樱桃装饰。

图3-3-9

知识链接

白糖浆的调配

在很多鸡尾酒配方中都能够看到“白糖浆”的字样，它在鸡尾酒调制过程中主要是起到调和口味、增加口感的作用。白糖浆的调配方法：在盛放容器中，白糖和水的比例为3∶1，尽量使用热水，用吧匙不断搅拌，直至混合均匀，冷却后即成白糖浆。切忌放在火上加热，火候掌握不好，容易使糖水颜色发生变化。

任务单　试一试

一、新加坡司令的调制。

任务内容	需要说明的问题
1. 原料准备	
2. 调制方法	
3. 调制工具	
4. 装饰物	
5. 注意事项	

二、用摇和法+兑和法调制的鸡尾酒还有很多，除了本书涉及的鸡尾酒，请试着上网或从相关书籍中查找其配方，并试着调制一下吧，看谁查得最多、调得最好。

活动三　“玛格丽特”的调制

在杯口加盐霜是“玛格丽特”鸡尾酒与其他鸡尾酒的主要区别。盐边宽了味道过重，盐边窄了淡而无味，一层均匀细腻的盐边能给这款鸡尾酒带来精彩的瞬间。

信息页 玛格丽特(Margarita，如图3-3-10所示)的配方

【材料】Tequila(龙舌兰酒) 1oz

Triple Sec(白色柑香酒) 1/2oz

Lemon Juice(柠檬汁) 1/2oz

【用具】量酒杯、摇壶、冰桶和冰夹

【杯具】玛格丽特杯

【装饰】柠檬片

【制法】① 用切好的柠檬角均匀地在杯口边缘涂抹上柠檬汁，再扣在盐缸上，蘸上薄厚均匀的盐边(如图3-3-11、图3-3-12所示)，放在一边备用；

② 将材料按配方用量倒入摇壶中摇和；

③ 将摇和好的酒倒入沾了盐边的玛格丽特酒杯中；

④ 放入切好的柠檬片。

【特点】玛格丽特主要是由龙舌兰酒、各类橙酒及青柠汁等果汁调制而成，一般在餐后饮用的短饮。因为龙舌兰是一种产于热带的烈性酒，所以刚刚入口的时候可以感受到一种烈酒的火辣，但瞬间这种热力就又被青柠的温柔冲淡了，后味有股淡淡的橙味。这种感觉就好像简·杜雷萨和玛格丽特的爱情一样热烈，又有着一种淡淡的哀思。

图3-3-10

图3-3-11

图3-3-12

知识链接 玛格丽特鸡尾酒的来历

这是一款在1949年美国举办的鸡尾酒大赛中获奖的作品，创作者是洛杉矶的简·杜雷萨。简·杜雷萨给此酒取名为“玛格丽特”，是为了纪念他逝去的恋人。恋人和他一同外出打猎时，不幸中弹而亡。以她为原型创作的凄凉故事广为流传。此酒的调和不使用橘橙酒，而是完全遵照原配方使用白色柑香酒。原配方除使用柑香酒和龙舌兰酒外，还加入柠

檬汁和青柠汁，最后倒入玛格丽特杯中。现在有与原配方不同的配方。如果用蓝色柑香酒代替白色柑香酒的话，此酒就变成蓝色玛格丽特(如图3-3-13所示)了。

图3-3-13

任务单　试一试

一、玛格丽特的调制。

任务内容	需要说明的问题
1. 原料准备	
2. 调制方法	
3. 调制工具	
4. 装饰物	
5. 注意事项	

二、用摇和法+杯边加霜调制的鸡尾酒还有很多，除了本书涉及的鸡尾酒，请试着上网或从相关书籍中查找其他配方，并试着调制一下吧，看谁查得最多、调得最好。

任务评价

评价项目	具体要求	评价			
					建议
摇和法调制鸡尾酒	1. 红粉佳人				
	2. 青草蜢				
	3. 迈泰				
	4. 蓝色夏威夷				
	5. 新加坡司令				
	6. 银费士				
	7. 汤姆柯林斯				
	8. 玛格丽特				

(续表)

评价项目	具体要求	评价			
		😊	😐	☹	建议
学生自我评价	1. 原料、器具准备				
	2. 调制手法				
	3. 积极参与				
	4. 协作意识				
小组活动评价	1. 团队合作良好，都能礼貌待人				
	2. 工作中彼此信任，互相帮助				
	3. 对团队工作都有所贡献				
	4. 对团队的工作成果满意				
总计		个	个	个	总评
在摇和法调制鸡尾酒中，我的收获是：					
在摇和法调制鸡尾酒中，我的不足是：					
改进方法和措施有：					

知识链接

酒吧常见鸡尾酒配方15款

配方一：白兰地亚历山大(Brandy Alexander)

【材料】白兰地 1oz

深色可可香甜酒 1/2oz

奶油 1/2oz

【用具】摇壶、量酒器、吧匙

【杯具】鸡尾酒杯

【装饰】豆蔻粉

【制法】① 将所有材料与冰块放入摇壶；

② 充分摇匀后，过滤倒入冷却的鸡尾酒杯；

③ 用吧匙取少量豆蔻粉洒在酒液上。

配方二：侧车(Side car)

【材料】白兰地　1oz

白橙皮利口酒　1/2oz

柠檬汁　1/2oz

【用具】摇壶、量酒器

【杯具】鸡尾酒杯

【制法】① 将所有材料倒入摇壶中摇和；

② 将摇和好的酒倒入鸡尾酒杯中。

配方三：莫吉托(Mojito)

【材料】白朗姆酒　2oz

薄荷叶　10～15片

青柠　3～4块

青柠汁　1oz

白糖浆　1oz

苏打水　适量

【用具】量酒器、捣棒

【杯具】岩石杯

【制法】① 在岩石杯中将薄荷叶、青柠、糖浆一起捣烂；

② 加入8成满冰块，倒入朗姆酒和青柠汁；

③ 搅匀后注满苏打水；

④ 以薄荷叶装饰，插入吸管。

配方四：深水炸弹(Depth Charge)

【材料】荷兰金酒(杜松子酒)　1.5oz

啤酒　适量

【用具】量酒器

【杯具】烈酒杯、啤酒杯

【制法】① 在啤酒杯中注满啤酒；

② 将荷兰金酒注入烈酒杯内；

③ 将烈酒杯坠入啤酒杯内。

配方五：尼克罗尼(Negroni)

【材料】辛辣金酒　　1oz

金巴利　　1/2oz

甜味苦艾酒　　1/2oz

【用具】量酒器

【杯具】岩石杯

【装饰】橙片1片

【制法】① 将辛辣金酒、金巴利、甜味苦艾酒倒入岩石杯中；

② 加入冰块后慢慢调和；

③ 用橙片装饰。

配方六：螺丝刀(Screwdriver)

【材料】伏特加　　1.5oz

橙汁　　适量

【用具】量酒器

【杯具】古典杯

【装饰】橙片1片

【制法】① 将伏特加倒入古典杯中；

② 加入冰块，用橙汁注满；

③ 用橙片装饰。

配方七：教父(God-Father)

【材料】苏格兰威士忌　　1.5oz

杏仁甜酒　　1/2oz

【用具】量酒器

【杯具】古典杯

【装饰】岩石杯

【制法】① 在岩石杯中加入苏格兰威士忌、杏仁甜酒；

② 加入冰块后调和。

配方八：咸狗(Salty Dog)

【材料】伏特加　　1oz

葡萄柚汁　　8分满

【用具】量酒器

【杯具】海波杯

【装饰】盐边

【制法】① 杯口做盐边；

② 杯中加8分满冰块；

③ 将酒料注入杯中，用吧叉匙轻搅5～6下；

④ 放入调酒棒，置于杯垫上。

配方九：美国佬(Americano)

【材料】金巴利酒 1oz

甜苦艾酒 3/4 oz

苏打水 8分满

【用具】量酒器

【杯具】海波杯

【装饰】柠檬皮

【制法】① 在海波杯中加满8分冰块；

② 将酒液注入杯中；

③ 注入苏打水至8分满，用吧叉匙轻搅2～3下；

④ 扭转柠檬皮擦拭海波杯杯口，再放入杯中，放入调酒棒，置于杯垫上。

配方十：波斯猫爪(Pussyfoot)

【材料】橙汁 2～3oz

菠萝汁 2～3oz

柠檬汁 1oz

红石榴汁 1/2oz

蛋黄 1个

【用具】量酒器、摇壶

【杯具】柯林杯

【装饰】柠檬片、红樱桃、吸管

【制法】① 将酒料添加到装好冰块的摇壶中；

② 摇匀后注入柯林杯中；

③ 杯边夹上柠檬片和红樱桃组合装饰，放入吸管，置于杯垫上。

配方十一：大都会(Cosmopolitan)

【材料】伏特加　　1.5oz
　　　　白橙皮利口酒　　1oz
　　　　蔓越莓汁　　2～3oz
　　　　青柠汁　　1/2oz

【用具】量酒器、摇壶

【杯具】鸡尾酒杯

【装饰】青柠皮

【制法】① 将酒料添加到装好冰块的摇壶中；
　　　　② 在空杯内挤入青柠汁；
　　　　③ 摇匀后注入鸡尾酒杯中；
　　　　④ 把青柠皮放入杯中，将酒杯置于杯垫上。

配方十二：哈瓦那之光(Light of Havana)

【材料】马利宝　　1oz
　　　　蜜多利　　1oz
　　　　橙汁　　1.5oz
　　　　菠萝汁　　1.5oz
　　　　苏打水　　适量

【用具】量酒器、摇壶

【杯具】果汁杯

【装饰】橙片、柠檬片

【制法】① 将酒料添加到装好冰块的摇壶中；
　　　　② 摇匀后注入果汁杯中；
　　　　③ 顶部注满苏打水；
　　　　④ 橙片和柠檬片作装饰。

配方十三：性感沙滩(Sex on the Beach)

【材料】伏特加　　3/4oz
　　　　香博利　　3/4oz
　　　　蜜多利　　3/4oz
　　　　红莓汁　　1.5oz
　　　　菠萝汁　　1.5oz

【用具】量酒器、摇壶

【杯具】果汁杯

【装饰】柠檬片

【制法】① 将酒料添加到装好冰块的摇壶中；

② 摇匀后注入果汁杯中；

③ 用柠檬片作装饰。

配方十四：水果缤纷

【材料】橙子　　3块

柠檬　　2块

青柠　　2块

伏特加　　1.5oz

白糖浆　　0.5oz

百香果糖浆　　0.5oz

苏打水　　适量

【用具】量酒器、摇壶

【杯具】果汁杯

【装饰】柠檬片

【制法】① 将橙子、柠檬、青柠捣碎，滤出果汁；

② 将酒料添加到装好冰块的摇壶中；

③ 摇匀后注入果汁杯中；

④ 柠檬片放在杯中作装饰。

配方十五：威士忌酸(Whisky Sour)

【材料】威士忌　　1.5oz

柠檬汁　　1/2oz

白糖浆　　1/2oz

【用具】量酒器、摇壶

【杯具】酸酒杯

【装饰】橙片和红樱桃

【制法】① 将上述材料添加到摇壶中；

② 加冰摇和后滤入酸酒杯中；

③ 用柠檬片和红樱桃作装饰。

任务四 香蕉得其利的调制——搅和法

工作情境

朗姆酒的清香加上柠檬汁的酸甜，使得其利鸡尾酒不仅能治病，其美味的口感也一直深受年轻人的喜爱。老顾客简妮来到酒吧，依旧点了一杯“香蕉得其利”。看看调酒师是如何操作的。

具体工作任务

- 了解搅和法的调制原理和方法；
- 准备搅和法调制酒品所需要的工具和酒品；
- 测试、判断酒品调制顺序；
- 写出本组调制鸡尾酒的情况和注意事项；
- 相关酒品的调制。

活动一 “香蕉得其利”的调制

“香蕉得其利”是一杯最适合在酷暑时饮用的鸡尾酒，黄色海洋中微微泛光的冰霜，让人一见倾情，品一口，顿感整个人都沐浴在香蕉柠檬的香味中，无比清凉爽快。

信息页一 得其利(Daiquiri)类鸡尾酒(如图3-4-1所示)

在古巴，Daiquiri更像一款家庭式饮品。它是用新鲜的青柠檬，配以朗姆酒和糖，或再加入其他鲜果一起捣碎而制成的冰冻饮品。

Daiquiri在古巴俚语里是“高大的山”，该酒品由一位法国工程师所创。当时工程师正负责修建铁路，由于天气潮湿，加上缺医少药，修路工人很快染上一种痢疾病，工程也因此一拖再拖。后来，工程师发现用当地土著酿造的朗姆酒配上柠檬汁对治疗疾病很有帮助，再加上工人们也乐于饮用这种“药”，疾病很快得到治愈，铁路也修好了。而这独特的配方也由古巴传到了美国，成为美国乃至全世界人喜爱的鸡尾酒之一。

信息页二 香蕉得其利(如图3-4-2所示)的调制

一、配方、装饰物、工具、载杯

【配方】1oz白朗姆酒、1oz香蕉利口酒，1根鲜香蕉、0.5oz酸甜柠檬汁、3～4oz碎冰，如图3-4-3所示。

【装饰物】鲜香蕉

【用具】量酒杯、搅拌机、碎冰机、吧匙、砧板、水果刀

【杯具】鸡尾酒杯

图3-4-1

图3-4-2

图3-4-3

二、调制方法选择

从配方可以看出，香蕉得其利(Banana Daiquiri)鸡尾酒会用到香蕉利口甜酒、香蕉、果汁和冰，各种难以混合的材料都集中到一个配方中。对于这样配方的鸡尾酒，要想将材料混合均匀必须有足够的力量才能做到。

搅和法是用搅拌机来搅拌的，它几乎可以把各种难以混合的材料混合均匀。从制作工艺上来说，搅和法需要用到2种电动工具——电动搅拌机和碎冰机，以提高工作效率，也使混合更均匀、更彻底。

三、调制技能训练

1. 碎冰机的使用

碎冰机主要由手柄、冰斗、电源开关和接冰盘等部分构成。

使用方法：把方冰或冰片加入冰斗中，接冰盘放到出冰口下，左手打开电源，右手按压碎冰机的手柄，强制刨冰。

在刨冰过程中，要注意转动接冰盘，以防止碎冰洒落盘外(如图3-4-4、图3-4-5所示)。

图3-4-4

图3-4-5

2. 搅和法的操作步骤

(1) 准备好调酒器具和材料；

(2) 在搅拌机内放入酒、水果、果汁等原料；

(3) 放入碎冰；

(4) 启动搅拌机，搅拌至所需程度；

(5) 连冰带酒水一起倒入杯中。

四、香蕉得其利的调制

1. 材料准备(如图3-4-6所示)

图3-4-6

2. 兑和各种原材料(如图3-4-7、图3-4-8所示)

图3-4-7

图3-4-8

3. 搅拌(如图3-4-9、图3-4-10所示)

图3-4-9

图3-4-10

4. 装饰(如图3-4-11所示)

图3-4-11

温馨提示

搅拌机是由电机带动刀片搅拌，在材料中含有水果等食材时，其负载较大，不可长时间连续运转，以防烧毁机器，反复多次启动搅拌机可以有效避免这一风险。搅拌均匀后，待其停止运转，取下搅拌杯，将酒斟入载杯中。在调制时为了减轻果汁机的负载，延长其寿命，应先把冰块刨碎，不适合用大块冰。

另外，不要放入过多冰块，以防融化的冰水冲淡鸡尾酒的原味。

信息页三 搅和法调制鸡尾酒的相关配方

配方一：冰霜西瓜得其利(如图3-4-12所示)

【配料】	白朗姆酒	1oz
	红石榴糖浆	1/2oz
	柠檬汁	1/2oz
	西瓜	适量
	冰块	适量

【杯具】鸡尾酒杯

【装饰】西瓜皮

配方二：椰林飘香(如图3-4-13所示)

【配料】	白朗姆酒	1oz
	菠萝汁	2oz
	奶油	1oz
	菠萝片	1片

【杯具】高脚果汁杯

【装饰】菠萝片

图3-4-12

图3-4-13

配方三：草莓玛格丽特(如图3-4-14所示)

【配料】龙舌兰酒　40ml

君度香橙　20ml

柠檬汁　20ml

鲜草莓　3～5颗

【杯具】碟形鸡尾酒杯

【装饰】1颗草莓、杯口蘸糖边

配方四：草莓龙舌兰(如图3-4-15所示)

【配料】龙舌兰酒　50ml

新鲜柠檬汁　30ml

草莓糖浆　20ml

盐、新鲜磨碎的黑胡椒粉　适量

碎冰　3汤匙

【杯具】鸡尾酒杯

【装饰】草莓

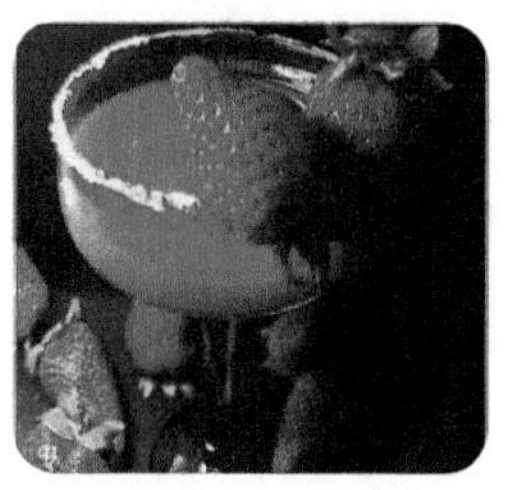

图3-3-14

图3-4-15

任务单　试一试

调制香蕉得其利。

任务内容	需要说明的问题
1. 香蕉得其利的调制方法	
2. 搅和法的调制原理	
3. 搅和法所需要的工具	

(续表)

任务内容	需要说明的问题
4. 调制香蕉得其利的原料	
5. 搅和法调制鸡尾酒注意事项	

活动二 香蕉奶昔的制作

在用搅和法调制的各式饮品中，有一款特色饮品以口感清凉、果味清新、入口即化及营养全面的特点吸引了众多消费者，这就是奶昔。下面就让我们一起来了解一下吧。

信息页一 认识奶昔(如图3-4-16所示)

图3-4-16

奶昔，英文为Milk Shake，首先出现于欧洲，它是一种由奶油、牛奶、雪糕等原料混合而成的泡沫饮料。在欧美地区，年轻人更是被这种香浓味美的泡沫饮料所吸引，常常是买上一杯边走边喝，觉得比吃雪糕更加方便、惬意，也更加过瘾。

信息页二 制作香蕉奶昔(如图3-4-17所示)

【材料】鲜牛奶　半杯

香蕉　1根

香草冰激凌球　1个

碎冰块　适量

【杯具】特饮杯或柯林杯

【制法】将以上原料放入奶昔机里，搅打至出现泡沫即可，然后倒入杯中，插入吸管饮用，如图3-4-18～图3-4-20所示。

图3-4-17

图3-4-18

图3-4-19

图3-4-20

任务单　试一试

调制香蕉奶昔。

任务内容	需要说明的问题
1. 原料准备	
2. 调制方法	
3. 调制工具	
4. 注意事项	

知识链接

鸡尾酒的品尝

鸡尾酒的品尝可分为3个步骤：观色、嗅味和品尝。

观色：调制好的鸡尾酒都有一定的颜色，观色可以断定其分量是否准确。如果颜色不对，说明配方或者调制方法有误，则需要重新调制。

嗅味：即用鼻子去闻鸡尾酒的香味，但不能直接拿起整杯来嗅味，需要用酒吧匙。凡鸡尾酒都有一定的香味，首先是基酒的香味，其次是所加进的辅料酒或饮料的香味，如果汁、甜酒、香料等的不同味道。

品尝：要小口慢慢地喝、细细地品，鸡尾酒入口后要稍微含一下，让芬芳满口，再慢慢吞咽下去，只有仔细、用心地品尝，才能体会到鸡尾酒的妙处。

试 一 试

酒吧常见奶昔配方

掌握了奶昔的制作方法，下面就让我们一起尝试做几款奶昔吧。

配方一：草莓奶昔(如图3-4-21所示)

【材料】鲜牛奶　　半杯

新鲜成熟的草莓　　4～5个

草莓糖浆　　适量

草莓冰激凌球　　1个

碎冰块　　　　　　　　　　　　适量

【制法】① 将材料依次倒入奶昔机内；

② 放入冰块；

③ 开启电源，瞬间启动开关，分段搅打3～4次；

④ 再连续搅打成冰沙状，倒入杯中，挤上小红莓酱，放薄荷叶装饰。

【酒品特点】口感清爽，味道甜美。

配方二：蓝色橙香奶昔(如图3-4-22所示)

【材料】香草冰激凌球　　　　　　1个

牛奶　　　　　　　　　　90ml

蓝香橙　　　　　　　　　30ml

碎冰块　　　　　　　　　适量

糖水　　　　　　　　　　30ml

【制法】① 将冰激凌球、牛奶、糖水、15ml蓝香橙倒入奶昔机内；

② 放入碎冰块；

③ 搅打成沙冰状，倒入杯内，淋入剩余的蓝香橙。

图3-4-21

图3-4-22

任务单　试一试

根据你的口味，自创一杯属于自己的奶昔。

名称	
原材料	
制作步骤	
装饰	
杯具	
酒品特点	

温馨提示

制作奶昔通常会使用2种设备：一是搅拌机(可加入鲜果，如图3-4-23所示)，二是奶昔机(只限于液态原料和雪糕混合，如图3-4-24所示)。

图3-4-23

图3-4-24

任务评价

评价项目	具体要求	评价			
					建议
搅和法调制鸡尾酒	1. 香蕉得其利				
	2. 冰霜西瓜得其利				
	3. 椰林飘香				
	4. 草莓玛格丽特				
	5. 香蕉奶昔				
	6. 草莓奶昔				
	7. 自制奶昔				
学生自我评价	1. 原料、器具准备				
	2. 调制手法				
	3. 积极参与				
	4. 协作意识				
小组活动评价	1. 团队合作良好，都能礼貌待人				
	2. 工作中彼此信任，互相帮助				
	3. 对团队工作都有所贡献				
	4. 对团队的工作成果满意				
总计		个	个	个	总评

(续表)

评价项目	具体要求	评价			
		😀	😐	😞	建议
在搅和法调制鸡尾酒中，我的收获是：					
在搅和法调制鸡尾酒中，我的不足是：					
改进方法和措施有：					

任务五 其他饮料的调制

工作情境

对于不会喝酒的人，果蔬汁或无酒精的鸡尾酒是最好的选择。这不，两位时尚的女士来到酒吧，点了一款无酒精的水果饮品——水果宾治。让我们来看一下调酒师是如何调制的吧。

具体工作任务

- 掌握无酒精类鸡尾酒、果汁饮料及混合型碳酸饮料的制作方法；
- 准备所需要的工具和酒品；
- 测试、判断酒品调制顺序；
- 写出本组调制酒品的情况和注意事项；
- 相关酒品的调制。

活动一 无酒精类鸡尾酒的调制

酒吧调酒师除了向客人提供色彩鲜艳、酒香浓郁的鸡尾酒外，还要为不胜酒力的客人提供一些不含酒精的混合饮料和鸡尾酒。下面让我们一起学习这类饮品的制作。

信息页一 宾治(Punch)类

宾治(如图3-5-1所示)是较大型酒会必不可少的饮料，有含酒精的，也有不含酒精的，即使含酒精，其酒精含量也很低。调制的主要材料是烈性酒、葡萄酒和各类果汁。宾治酒变化多端，具有浓、淡、香、甜、冷、热、滋养等特点，适合各种场合饮用。

信息页二 水果宾治(Fruit Punch，如图3-5-2所示)的配方

【材料】红石榴糖浆 10ml
凤梨汁 60ml
柳橙汁 60ml
七喜汽水 适量
【用具】吧匙
【杯具】海波杯
【制法】① 在杯中加入6分满冰块；
② 量取红石榴糖浆、凤梨汁及柳橙汁，并将其倒入杯内；
③ 缓慢注入七喜汽水至8分满；
④ 用吧匙轻搅几下；
⑤ 置装饰物于杯上，夹取吸管放入杯中。
【酒品特点】不含酒精饮品，清凉清新。

图3-5-1

图3-5-2

任务单　试一试

调制水果宾治。

任务内容	需要说明的问题
1. 原料准备	
2. 调制方法	
3. 调制工具	
4. 装饰物	
5. 注意事项	

知识链接　酒吧常见的无酒精类鸡尾酒配方

无酒精类鸡尾酒的制作方法十分简单：在搅拌器内加入新鲜或冰镇的水果、椰奶、菠萝汁或其他果汁饮料，然后加冰搅拌，用高脚杯盛装，并点缀一片果片便可完成。下面让我们一起试一试，调制几款常见的无酒精鸡尾酒。

配方一：秀兰·邓波儿 (Shirley Temple，如图3-5-3所示)

【配方】石榴糖浆　　1茶匙

姜汁汽水　　适量

柠檬片　　1片

【制法】① 将石榴糖浆倒入坦布勒杯中；

② 用姜汁汽水注满酒杯，轻轻地调和；

③ 用柠檬片装饰。

【酒品说明】这是以著名演员秀兰·邓波儿的名字命名的鸡尾酒，是一款无酒精长饮饮料。

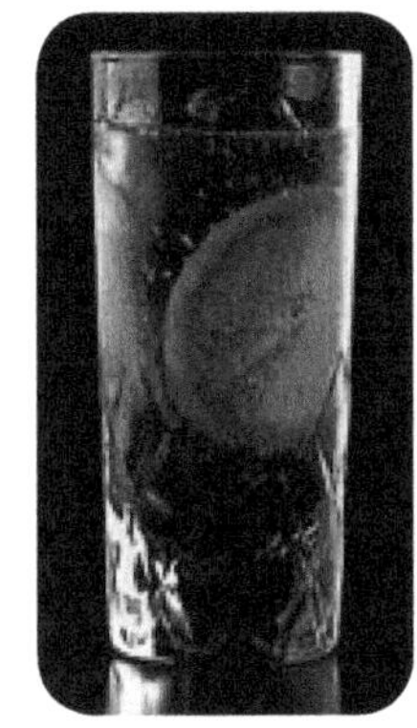

图3-5-3

配方二：波斯猫漫步(Pussy Foot，如图3-5-4所示)

【配方】柠檬汁　　15ml

橙汁　　20ml

菠萝汁　　15ml

石榴汁　　10ml

蛋黄　　1个

【制法】① 将所有材料倒入雪克杯中长时间摇和；

② 将摇和好的酒倒入鸡尾酒杯中。

图3-5-4

【酒品说明】“猫步”是形容那些像猫一样轻轻走路的人。这是一款无酒精鸡尾酒，加入蛋黄是为了调和出金黄色。

配方三：灰姑娘(Cinderella，如图3-5-5所示)

【配方】橙汁　　20ml

柠檬汁　　20ml

菠萝汁　　20ml

【制法】① 将所有材料倒入雪克杯中摇和；

② 将摇和好的酒倒入鸡尾酒杯中。

【酒品说明】这是一款无酒精鸡尾酒。灰姑娘从一个普通的女孩变成王妃，寓意非常美好，因此选用此名来命名这款鸡尾酒。

图3-5-5

配方四：冰果酒(Cool Collins，如图3-5-6所示)

【配方】鲜柠檬汁　　60ml

砂糖　　1茶匙

新鲜薄荷叶　　7片

苏打水　　适量

【制法】① 将柠檬汁和砂糖注入高冷直酒杯；

② 放入薄荷叶，用调酒匙捣碎；

③ 加满苏打水，轻轻调匀。装饰柠檬薄片和薄荷嫩芽。

【酒品说明】这是一款以柠檬汁为基酒的、柯林风格的无酒精型鸡尾酒。如果柠檬汁是新鲜汁液的话，味道将更加鲜美。

配方五：佛罗里达(Florida，如图3-5-7所示)

【配方】橙汁　　40ml

柠檬汁　　20ml

砂糖　　1茶匙

安格斯特拉苦精　　2点

【制法】① 将所有材料倒入雪克杯摇和；

② 将摇和好的酒倒入鸡尾酒杯中。

图3-5-6

图3-5-7

温馨提示

无酒精类鸡尾酒服务

无酒精类鸡尾酒在低温下饮用风味最佳，服务时需要注意以下事项。

(1) 准备好各种洁净、预凉的鸡尾酒杯。

(2) 准备好足够的冰块。

(3) 低温保存各种饮料、水果，并注意保质期。

(4) 服务时放好杯垫，送上无酒精类鸡尾酒。

(5) 送上吸管或小勺。

(6) 用托盘服务。

活动二　果蔬饮料的制作

果蔬饮料是公认的健康饮品，也是吧台非常受欢迎的常备饮品之一。下面就让我们一起学习果蔬饮料的制作与服务。

信息页一　果蔬饮料的种类

果蔬饮料(如图3-5-8所示)是用水果汁、蔬菜汁作为原料制作而成的饮料。其色彩诱人、营养丰富，且易于吸收。果蔬饮料的种类繁多，通常可分为天然果汁、浓缩果汁、果汁饮料、果肉果汁及果蔬汁等。

信息页二　单一果汁操作实例

配方一：鲜橙汁(如图3-5-9所示)

【原料】鲜橙　　　　　　　　　　　　　2个

【制作】将鲜橙洗净后切为两半，并放在挤汁器上转动，以便挤出橙汁；或将鲜橙去皮后放入果汁机进行搅拌滤汁，倒入装有碎冰的玻璃杯中，配一根吸管即可。

配方二：番茄汁(如图3-5-10所示)

【原料】番茄　　　　　　　　　　　　　2个

　　　　砂糖　　　　　　　　　　　　　适量

【制作】将番茄用开水浸泡片刻后去皮，加入适量白砂糖后，放入果汁机搅碎、滤汁，倒入装有碎冰的玻璃杯中，配吸管和搅棒即可。

【提示】番茄汁易氧化，出品后应尽快饮用。

图3-5-8　　图3-5-9　　图3-5-10

配方三：菠萝汁(如图3-5-11所示)

【原料】菠萝　　　　　　　　　　　　　1个

　　　　食盐　　　　　　　　　　　　　少量

【制作】将菠萝去皮、切块，放入果汁机榨取汁液，倒入玻璃杯中，加入少量食盐冰水，配一根吸管即可。

配方四：西瓜汁(如图3-5-12所示)

【原料】西瓜　　　　　　　　　　　　　1个

【制作】将西瓜洗净、切开，取出西瓜瓤，将西瓜瓤放入果汁机搅碎、滤汁，倒入装有碎冰的杯中，配一根吸管即可。

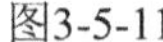
图3-5-11

图3-5-12

配方五：木瓜汁(如图3-5-13所示)

【原料】木瓜　　1个

　　　　蜂蜜　　少量

【制作】将木瓜洗净去皮，挖出中间的籽，与蜂蜜一起放入果汁机搅碎、滤汁，倒入装有碎冰的玻璃杯中，配一根吸管即可。

配方六：哈密瓜汁(如图3-5-14所示)

【原料】新鲜哈密瓜　　1个

【制法】把瓜洗净，削去外面的硬皮，剖开去瓤及籽，切成小块，放入果汁机搅碎、滤汁，倒入装有碎冰的玻璃杯中，配一根吸管即可。

【提示】哈密瓜果肉愈靠近种子处，甜度越高，愈靠近果皮越硬，因此，皮最好削厚一点，这样吃起来更美味。

图3-5-13

图3-5-14

信息页三 混合果汁操作实例

配方一：芒果椰子汁(如图3-5-15所示)

【原料】苹果1个，椰子半个，香蕉1个

蜂蜜半匙，可可仁1匙，牛奶150g

【制作】将芒果、椰子、香蕉、可可仁同入果汁机中搅碎，然后调入蜂蜜、牛奶，配吸管和搅棒即可。

【功效】清凉爽口，降暑除烦，对夏日不思饮食、心烦难眠者尤为适宜。

配方二：苹果胡萝卜汁(如图3-5-16所示)

【原料】苹果1个，胡萝卜半个，牛奶150g，蜂蜜少许

【制作】将胡萝卜、苹果洗净，苹果去皮去核，然后切成小块放入果汁机搅碎，再加入牛奶、蜂蜜拌匀，配吸管和搅棒即可。

【功效】富含维生素A、C及果胶，是老少皆宜的夏日饮品。

配方三：黄瓜猕猴桃汁(如图3-5-17所示)

【原料】黄瓜200g，猕猴桃50g，凉开水200ml，蜂蜜两小匙

【制作】黄瓜洗净去籽，留皮切成小块，猕猴桃去皮切块，一起放入果汁机，加入凉开水进行搅拌，倒入玻璃杯中与蜂蜜拌匀，配一根吸管即可。

【功效】黄瓜性甘凉，能入脾胃经，清热解毒、利水。而猕猴桃性甘酸寒，能入肾和胃经，可解热止渴。

图3-5-15

图3-5-16

图3-5-17

任务单 试一试

一、调制果蔬饮料。

饮品名称	原料	制作方法	注意事项

二、试着上网或从相关书籍查找果蔬饮料的品种搭配原则及相关配方，并尝试调制一下，看谁查得最多、调得最好。

知识链接

一、果蔬饮料的常用原料

(1) 水果：柳橙、柑橘、柠檬、菠萝、苹果、梨、草莓、芒果、香蕉、椰子、西瓜、哈密瓜、甘蔗、葡萄、水蜜桃、猕猴桃、西柚、酸橙、樱桃等。

(2) 蔬菜：黄瓜、胡萝卜、西红柿、冬瓜、生菜等。

二、各类水果汁的功效

苹果汁：调理肠胃，有助肾机能，防高血压。

香蕉汁：健肌肉、润肺、通血脉。

西瓜汁：暑天利尿、消炎、降血压。

芒果汁：助消化，防晕船呕吐，治喉咙痛。

菠萝汁：可去肿、消食，治肾炎、咽炎。

葡萄汁：利尿、补血安神、强肾肝。

橙子汁：化痰、健胃，防心脏病和中风。

柚子汁：降胆固醇，防感冒，止咳化痰。

柠檬汁：化痰止咳，有助排除体内毒素。

椰子汁：防心脏病，健肤、止咳。

木瓜汁：止咳润肺，帮助消化蛋白质。

三、果蔬饮料服务要点

(1) 果汁的最佳饮用温度为10℃，因此，果蔬汁制好后应在10℃左右为客人服务。

(2) 制作鲜榨果蔬汁时，应把水果蔬菜洗干净，大部分水果应去皮，否则会影响果蔬汁的品质。

(3) 用果汁杯服务客人。婀娜多姿的杯身会让人联想到亚热带水果芬芳的味道。

活动三 碳酸饮料的制作与服务

在酒吧中还有一项重要服务——碳酸饮料的制作与服务。虽然碳酸饮料的制作与服务在很多人看来很简单，但是其细节却往往被大家所忽视，下面就一起来看看到底有哪些学问。

信息页一 碳酸饮料的种类

碳酸饮料是指含有碳酸气(CO_2)的饮料，是世界三大流行软饮料之一。其特点是在饮料中加入二氧化碳气体，开瓶后泡沫多而细腻，外观舒服，饮后清凉爽口，具有多种清新口感。碳酸饮料通常可分为4种。

一、普通型

普通型碳酸饮料除在饮用水中加入二氧化碳气体外，不使用任何其他成分，如苏打水、巴黎矿泉水等，如图3-5-18～图3-5-20所示。

图3-5-18

图3-5-19

图3-5-20

二、果汁型

果汁型碳酸饮料是在原料中加入一定量的新鲜果汁(果肉)而制成的碳酸饮料。其果汁含量大于2.5%，除具有相应的色、香、味之外，还有一定的营养，如鲜橙汽水、苹果汽水、冬瓜饮料等，如图3-5-21、图3-5-22所示。

图3-5-21

图3-5-22

三、果味型

果味型碳酸饮料是在充有二氧化碳的原料水中加入食用香精、色素、调味剂等，赋予一定水果香型和色泽的汽水。其色泽鲜艳，价格低廉，不含营养，如雪碧、七喜、柠檬汽水、汤力水、干姜水等，如图3-5-23～图3-5-25所示。

图3-5-23

图3-5-24

图3-5-25

四、可乐型(又名黑色饮料)

可乐型碳酸饮料是将多种香料与天然果汁、焦糖色素混合充汽而成的碳酸饮料。因含有咖啡因而具有提神作用，如可口可乐、百事可乐、非常可乐等，如图3-5-26所示。

图3-5-26

信息页二　碳酸饮料的准备与服务

(1) 碳酸饮料(如图3-5-27所示)的最佳饮用温度为4℃，冰镇后口感更好，保持碳酸汽的时间也比较长。服务碳酸饮料时应事先冰镇，或者在饮用杯中加冰块。

(2) 开启时不要摇动，避免饮料喷出，开口应避免冲向客人。

(3) 在服务碳酸饮料中的可乐、雪碧、苏打、汤力水等时，应加入半片或一片柠檬；服务美年达、芬达、姜汁水等时不加柠檬片。前者加入柠檬片是为了增加饮料的香气，后者属于果味型饮料，饮料本身就有水果味，若再加入另一种水果，就会破坏饮料原来的水果味道。

(4) 碳酸饮料在调制混合饮料时，不能摇晃，最后直接加入饮用杯中搅拌即可。

图3-5-27

任务单　碳酸饮料的准备与服务

任务内容	需要说明的问题
1. 服务前的准备	
2. 开瓶操作	
3. 合理正确使用辅料	
4. 按照程序进行服务	

知识链接　碳酸饮料流行饮品的配方及制法

在酒吧中，碳酸饮料除了可以直饮外，还可与众多烈性酒混合调配，成为现在酒吧中深得广大饮酒爱好者青睐的流行饮品，配方及制法如表3-5-1所示。

表3-5-1　碳酸饮料流行饮品的配方及制法

品名	配方及制法
金酒加汤力水	用柯林杯加半杯冰块，1片柠檬，倒入1oz金酒、168ml汤力水，然后用吧匙搅拌均匀即可
金酒加雪碧	用柯林杯加半杯冰块，1片柠檬，倒入1oz金酒、168ml雪碧，搅拌均匀
金酒加可乐	用柯林杯加半杯冰块，1片柠檬，倒入1oz金酒、168ml可乐，搅拌均匀
威士忌加苏打水	用柯林杯加半杯冰块，倒入1oz威士忌、84ml苏打水，搅拌均匀
白兰地加可乐	用柯林杯加半杯冰块，1片柠檬，倒入1oz白兰地、168ml可乐，搅拌均匀
朗姆酒加可乐	用柯林杯加半杯冰块，1片柠檬，倒入1oz朗姆酒、168ml可乐，搅拌均匀
伏特加加汤力水	用柯林杯加半杯冰块，1片柠檬，倒入1oz伏特加、168ml汤力水，搅拌均匀
伏特加加七喜	用柯林杯加半杯冰块，1片柠檬，倒入1oz伏特加、168ml七喜，搅拌均匀
金巴利加苏打水	用柯林杯加半杯冰块，1片柠檬，倒入42ml金巴利、168ml苏打水，搅拌均匀
绿薄荷加七喜	用柯林杯加半杯冰块，1片柠檬，倒入1oz金酒，斟满七喜汽水，搅拌均匀

任务评价

评价项目	具体要求	评价			
					建议
无酒精饮料的调制	1. 水果宾治				
	2. 秀兰·邓波儿				
	3. 波斯猫漫步				
	4. 灰姑娘				
	5. 冰果酒				
	6. 佛罗里达				
	7. 鲜橙汁				
	8. 番茄汁				
	9. 黄瓜猕猴桃汁				
	10. 碳酸饮料调制				
学生自我评价	1. 原料、器具准备				
	2. 调制手法				
	3. 积极参与				
	4. 协作意识				
小组活动评价	1. 团队合作良好，都能礼貌待人				
	2. 工作中彼此信任，互相帮助				
	3. 对团队工作都有所贡献				
	4. 对团队的工作成果满意				
总计		个	个	个	总评

在无酒精饮料调制中，我的收获是：	
在无酒精饮料调制中，我的不足是：	
改进方法和措施有：	

知识链接

英式调酒与花式调酒

一、英式调酒与花式调酒的区别

英式调酒是传统式的调酒，是调酒的基础，其过程文雅、规范，并配以古典音乐，调酒师身着英式马甲；而花式调酒需要更多的激情和特殊表演技巧。

1. 调酒用具

花式调酒：有着特有的调酒用具，如酒嘴、花式练习瓶(如图3-5-28所示)、美式调酒壶、果汁桶等，不仅用来做调酒表演，也使花式调酒师在工作中能够轻松自如地提高工作效率。

英式调酒：传统用具，一般不轻易改变。

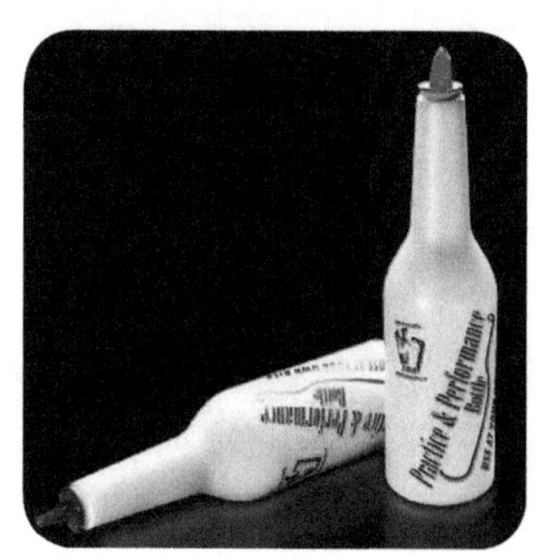

图3-5-28

2. 调酒技巧

花式调酒：调酒师不仅需要掌握多种调酒技法，还要在调酒过程中学习怎样用酒嘴控制酒水的标准用量(称为自由式倒酒)，以及如何在最短时间内调制尽可能多的饮料等。

英式调酒：一般使用4种调制方法，按规定方式进行调酒，做到一丝不苟。服务方式：中规中矩，文雅待客。

二、花式调酒

为了增加调酒的趣味性及表演性，调酒师需在拿取酒瓶及调制过程中增加手势及力度。尤其是在拿取酒瓶时，首先要进行摇甩酒瓶、调酒器表演，要求姿势优雅，动作准确、熟练。

花式调酒的基本动作是抛樽，即在调酒过程中，调酒师向空中抛酒瓶。酒瓶在调酒师身体周围上下左右旋转翻动，令人眼花缭乱。在酒吧客人的阵阵喝彩当中，调酒师在酒瓶舞动过程中流畅、利落地将酒水倒入杯中。

单元四

你距离一名合格的调酒师还有多远

调酒是一门技术，也是一门艺术。调酒师已成为国内外青年人青睐的职业之一，要想成为一名优秀的调酒师，调出理想的鸡尾酒，必须掌握一定的理论知识和丰富的实践经验。本单元将从调酒师素质要求入手，重点讲述相关要求、在服务中的创新等内容。

工作情境

调酒师，作为一种特殊的职业，举手投足都完全呈现在客人面前。调酒师的工作看起来更像是一场演出，因此对其职业素养有着很高甚至近乎苛刻的要求。这不仅要求调酒师对酒的品性烂熟于胸，更要求他们在职业能力和个人素养方面高人一筹。

具体工作任务

- 调酒师基本职业素质；
- 调酒师道德素质要求；
- 调酒师专业素质要求。

活动一 调酒师应具备的基本素质

一位受人尊敬、喜爱和欣赏的调酒师，不光要调酒技能娴熟，在为人处事上更要从以下几个方面不断磨炼自己。

信息页一 调酒师的职业道德素质

提高调酒师的道德素质是至关重要的。没有良好的道德素质的支持，专业知识与技能再娴熟也不能很好地服务他人。

一、正直，诚实

缺乏这一要素，就无法尊重自己的职业，无法营建人际间的信任，也就无法成为合格的调酒师。

二、尊重他人

尊重他人即尊重人性，尊重众生，不仰视权贵，不欺凌弱小，平等对待每一个人，给予人人同样的尊重。

三、持续努力，从不懈怠

不放纵自我，实现自律，勤奋工作，有持久的责任感，并注重体能付出与思维努力两因素的并用。否则，只依靠傻干而不动脑筋，是不可能达到既定目标的。

四、以原则为重

向下管理注重公平；对客服务讲求品质；人际关系贵在诚信。这些都是一个人品格高尚的体现。在这一点上，没有人能达到绝对的高度，但经过不断提高、持续磨炼，就可以达到相当的境界，以进一步完善自我、提高业绩。

五、平等待客，以礼待人

酒吧服务的基础是尊重宾客。任何一位客人都有被尊重的需要，都要以礼相待。

六、方便客人，优质服务

酒吧服务的价值是为客人提供服务，而各种服务必须是为满足客人的需求，尤其是其精神需求而设置的，方便客人可以说是酒吧经营和服务的基本出发点。一切为客人着想，为客人提供满意的服务，这不仅是高标准服务的标志，更是职业道德的试金石。

信息页二 调酒师的基本职业素质

调酒师是在酒吧或餐厅专门从事配制酒水、销售酒水，并让客人领略酒文化和风情的服务人员。调酒师是酒吧的灵魂，其精神面貌和服务态度将直接影响酒吧的经营与管理，因此，身材、容貌、服装、仪表、风度等就成为调酒师的基本职业素质要求。

一、身材与容貌

身材与容貌在服务工作中有着较重要的作用。在人际交往中，较好的身材和容貌可给人以舒适感，心理上易产生亲切愉悦感。

二、服饰与打扮

调酒师的服饰与穿着打扮，体现着不同酒吧的独特风格和精神面貌。服饰体现着个人仪表，影响着客人对整个服务过程的最初和最终印象。打扮，是调酒师上岗之前自我修饰、完善仪表的一项必不可少的工作。即使你的身材标准、服装华贵，如不注意修饰打扮，也会给人以美中不足之感。

三、仪表

仪表即人的外表，注重仪表是调酒师的一项基本素质，酒吧调酒师的仪表直接影响着客人对酒吧的感受，良好的仪表是对宾客的尊重。调酒师整洁、规范化的仪表，能烘托服务气氛，使客人心情舒畅。如果调酒师衣冠不整，必然给客人留下不好的印象。

四、风度

是否具有正确的站立姿势、雅致的步态、优美的动作、丰富的表情、甜美的笑容以及得体的服装打扮，都会涉及风度的雅俗。要使服务获得良好的效果和评价，要使自己的风度仪表端庄、高雅，调酒师的一举一动都要符合美的要求。在酒吧服务过程中，酒吧调酒师任何一个微小的动作都会对宾客产生影响。因此，调酒师行为举止的规范化亦是酒吧服务的基本要求，具体体现在以下几个方面。

(1) 站立姿势：基本要领是身体立、直、正，身体重心放在两腿中间，挺胸收腹。

(2) 语言：调酒师的语言也在时刻反映着其热情、关心等方面的情绪。只有具备一定的交际能力，才能给客人提供满意的服务。语言方面必须符合如下要求。

① 友好：生动友好的语言给人以和蔼、亲切的印象，使客人感受到调酒师的友善。

② 真诚：真诚的声音表明调酒师对客人的关心和尊重。

③ 清楚：调酒师的声音必须清晰，显示出友好的态度。

④ 愉快：愉快的声音容易让每一位客人听得清楚。

⑤ 语速、语调适宜：可通过变换声调的高低、语速的快慢来表达你的意思，使客人易于了解。

(3) 倾听：仔细倾听客人所讲，充分理解客人的意图。

① 集中注意力，把握客人观点和所说事实，注意其谈论的内容，集中注意力，不要走神。

② 用眼光交流，有助于集中精神听客人说话，并表示非常重视其所说的话。

(4) 表情：是指从面貌或姿势上表达内心的思想感情。在酒吧服务中，调酒师表情的好坏，直接关系到服务质量的高低。人的表情主要分为以下两种。

① 面部表情：调酒师在服务中要用好面部表情，面带微笑以赢得宾客的信任和喜悦。同时注意观察客人的面部表情，特别是眉宇间的细微变化，以便更好地为客人服务。

② 姿态表情：调酒师要学会通过观察宾客的姿态来推测其心理。调酒师在服务中要迎合宾客的心理，而不能用自己的姿态表情来影响宾客。

(5) 神情：是指人面部所显露的内心活动，亦是表现于外部的精神、神气、神色、神采、态度、风貌等。在酒吧服务时，调酒师要做到：精神饱满，精力充沛，谦虚恭敬，和蔼可亲，真诚热心，细致入微。

(6) 神色：即眼睛的神态。眼睛是心灵的窗户，人的内心活动、微妙的情绪变化以及不可名状的思想意识，无不透过眼睛表达出来。

(7) 手势：任何一种手势都能独立表达某种含意。但要注意在不同的国家和地区，一些相同的手势，却有着不同的甚至完全相反的意思。

(8) 步态：步态是一种微妙的语言，它能反映出一个人的情绪。调酒师的矫健步履、饱满精神，将给宾客留下美好的印象。

任务单　案例分析

有一项关于对酒吧不满意的顾客调查表明，服务态度不佳占第一位，其次是没被重视，第三位是卫生条件差。针对这些情况，你作为调酒师应该如何处理？

投诉原因	处理方法

活动二 调酒师应具备的专业素质

在许多人眼里，调酒师是一个惹人遐想的职业。朦胧的灯光下，他们有着自信的笑容，年轻姣好的容貌，前卫有型的装扮，在调酒师看似轻松随意的操作中，一杯杯引人入胜、姹紫嫣红的鸡尾酒摆在了客人面前。偶尔，他们也会像魔术师一样，利落地将酒瓶高高抛起，再及时接住半空旋转后降落的瓶子，给客人无与伦比的视觉享受……要成为一名优秀的调酒师，除了外向、善于与人沟通外，还要有浓厚的兴趣，同时，树立服务意识也尤为重要。

信息页一 调酒师应具备的服务意识

一、角色意识

酒吧调酒师所担任的角色是使顾客在物质和精神上得到满足的服务角色。调酒师一定要以客人的感受、心情、需求为出发点来为客人提供服务。角色意识包括两方面内容。

(1) 执行酒吧的规章制度，履行岗位职责，行使代表酒吧的角色。调酒师的一举一动、一言一行、仪容仪表、服务程序、服务态度等方面都会影响酒吧的声誉。酒吧在提供服务产品、情感产品、行为产品和环境软产品时，会受到调酒师的心情和技能的制约。只有当工作人员处于最佳精神状态时，才能为客人提供最为满意的优质服务，所以调酒师不能把个人情绪带到服务中。

(2) 调酒师要站在顾客的角度来考虑所应提供的服务，即将心比心，提供顾客所需的热情、快捷、高雅的服务。强化服务角色，对调酒师的精神面貌、服饰仪表、服务态度、服务方式、服务技巧、服务项目等方面提出了更高、更严格的要求，对调酒师的素质和服务水准提出了更高的标准。

二、宾客意识

作为调酒师，需要有正确的宾客意识，即“顾客即我”，因为工作对象是人，是人对人的工作。没有对工作对象的正确理解，将不可能有正确的工作态度，工作方法、工作效果也不可能使宾客满意。所以，调酒师必须意识到宾客是酒吧的财源，有了顾客的到来，才会有酒吧的生存，才会有宾客的再次光顾，才会有酒吧稳定的收益，也才有了调酒师自身的稳定工作和经济收入。每个调酒师都应清楚地意识到，是酒吧在依赖宾客，而不是宾客在依赖酒吧，“顾客是上帝”，顾客的需要就是酒吧服务工作的出发点。不断地迎合顾客、服务顾客，在任何时候、任何场合都要为客人着想，这是服务工作的基本意识。增强调酒师的宾客意识，就必须提高调酒师的责任心和荣誉感，要学会尊重，只有尊重别人，才会受到别人的尊重。想客人之所想，做客人之所需，而且还应向前推进一步，想在客人所想之先，做在客人欲需之前。

三、服务意识

调酒师的服务意识是从事服务自觉性的表现，是树立“顾客是上帝”思想的表现。服务意识体现在以下几个方面。

(1) 预测并解决或及时到位地解决客人遇到的问题。

(2) 发生情况，按规范化服务程序解决。

(3) 遇到特殊情况，提供专门服务、超长服务，以满足客人的特殊需要。

(4) 避免不该发生的事故。

调酒师必须认识到服务的重要性，不断增强自身的服务意识。酒吧为了真正体现优质的服务，必须具有能提供优质服务的调酒师。

信息页二　调酒师应具备的专业知识

合格或是优秀的调酒师，不能只限于会调几款鸡尾酒，或是满足客人的简单需求，更要注重知识面的拓展和内涵的培养。一般来讲，调酒师应掌握以下专业知识。

(1) 酒水知识：掌握各种酒的产地、特点、制作工艺、名品及饮用方法，并能鉴别酒的质量、年份等。

(2) 原料储藏保管知识：了解原料的特性，以及酒吧原料的领用、保管、储藏等知识。

(3) 设备、用具知识：掌握酒吧常用设备的使用要求、操作过程和保养方法，以及用具的使用、保管等知识。

(4) 酒具知识：掌握酒杯的种类、形状以及使用要求、保管知识。

(5) 营养卫生知识：了解饮料营养结构，酒水与菜肴的搭配，以及饮料操作的卫生要求。

(6) 安全防火知识：掌握安全操作规程，注意灭火器的使用规范及要领，掌握安全自救方法。

(7) 酒单知识：掌握酒单结构，所用酒水的品种、类别以及酒单上酒水的调制方法和服务标准。

(8) 酒谱知识：熟练掌握酒谱上每种原料的用量标准、配制方法、用杯及调制程序。

(9) 定价知识：掌握酒水的定价原则和方法。

(10) 习俗知识：掌握主要客源国的饮食习俗、宗教信仰和习惯等。

(11) 英语知识：掌握酒吧饮料的英文名称、产地的英文名称，能用英文说明饮料特点，熟记酒吧服务常用英语、酒吧术语等。

信息页三　调酒师应掌握的专业技能

调酒师娴熟的专业技能不仅可以节省时间，使客人增加信任感和安全感，而且是一种无声的广告。熟练的操作技能是快速服务的前提。专业技能的提高需要通过专业训练和自我锻炼来完成。

(1) 设备、用具的操作使用技能：正确地使用设备和用具，掌握操作程序，不仅可以延长设备、用具的寿命，也是提高服务效率的保证。

(2) 酒具的清洗操作技能：掌握酒具的冲洗、清洗、消毒等方法。

(3) 装饰物制作及准备技能：掌握装饰物的切分形状、薄厚、造型等方法。

(4) 调酒技能：掌握调酒的动作、姿势等方法以保证酒水质量和口味的一致。

(5) 沟通技巧：善于发挥信息传递渠道的作用，能够准确、迅速地沟通。同时要提高自己的口头和书面表达能力，善于与宾客沟通和交谈，能巧妙处理客人的投诉。

(6) 计算能力：有较强的经营意识和数学概念，尤其是对价格、成本毛利和盈亏的分析计算，反应要快。

(7) 解决问题的能力：要善于在错综复杂的矛盾中抓住主要矛盾，对紧急事件及宾客投诉有从容不迫的处理能力。

知识链接

了解酒背后的习俗

一种酒代表了酒产地居民的生活习俗。不同地方的客人有不同的饮食风俗、宗教信仰和习惯等。饮用何种酒，在调酒时用哪些辅料都要考虑清楚。如果推荐给客人的酒不合适便会影响客人的兴致，甚至还有可能冒犯客人。

前来酒吧的客人有着不同的目的和背景，调酒师除了需要懂得调配出迎合客人口味的酒水外，还要对各种酒类有一定的认识，并掌握调酒知识和文化。

另一方面，调酒师对于那些带着忧愁前来的客人而言，是很好的“心理治疗师”。调酒师无须多言，只需要为他们调配出一杯纯正、美味的酒，再安静聆听或适当与他们攀谈数句，让他们的烦恼随着杯中物咽入腹中，消失无踪。让客人心情愉快，至少轻松地离开吧台应该是调酒师最得意的事。调酒师不仅要调酒，还要调节客人的情绪，这也是为什么这个行业叫服务行业的原因。

调酒的关键是经验、知识和技巧的累积，再加上安抚客人的“治疗”能力，更非一日之功。换言之，调酒师是另一种“艺术工作者”，只有对此行业具有高度兴趣的人，才能体会其中的奥妙和意义，并真正欣赏这份工作。

任务单　调酒师应具备的专业素质

应具备的专业素质	具体说明

任务评价

<table>
<tr><th rowspan="2">评价项目</th><th rowspan="2">具体要求</th><th colspan="4">评价</th></tr>
<tr><th>😊</th><th>😐</th><th>☹</th><th>建议</th></tr>
<tr><td rowspan="5">调酒师必修</td><td>1. 调酒师职业道德素质</td><td></td><td></td><td></td><td rowspan="5"></td></tr>
<tr><td>2. 调酒师基本职业素质</td><td></td><td></td><td></td></tr>
<tr><td>3. 调酒师应培养服务意识</td><td></td><td></td><td></td></tr>
<tr><td>4. 调酒师应具备专业知识</td><td></td><td></td><td></td></tr>
<tr><td>5. 调酒师应掌握专业技能</td><td></td><td></td><td></td></tr>
<tr><td rowspan="4">学生自我评价</td><td>1. 准时并有所准备地参加团队工作</td><td></td><td></td><td></td><td rowspan="4"></td></tr>
<tr><td>2. 乐于助人并主动帮助其他成员</td><td></td><td></td><td></td></tr>
<tr><td>3. 遵守团队的协议</td><td></td><td></td><td></td></tr>
<tr><td>4. 全力以赴参与工作并发挥了积极作用</td><td></td><td></td><td></td></tr>
<tr><td rowspan="4">小组活动评价</td><td>1. 团队合作良好，都能礼貌待人</td><td></td><td></td><td></td><td rowspan="4"></td></tr>
<tr><td>2. 工作中彼此信任，互相帮助</td><td></td><td></td><td></td></tr>
<tr><td>3. 对团队工作都有所贡献</td><td></td><td></td><td></td></tr>
<tr><td>4. 对团队的工作成果满意</td><td></td><td></td><td></td></tr>
<tr><td>总计</td><td></td><td>个</td><td>个</td><td>个</td><td>总评</td></tr>
<tr><td colspan="2">在调酒师必修中，我的收获是：</td><td colspan="4"></td></tr>
<tr><td colspan="2">在调酒师必修中，我的不足是：</td><td colspan="4"></td></tr>
<tr><td colspan="2">改进方法和措施有：</td><td colspan="4"></td></tr>
</table>

任务二 调酒师的一天

工作情境

调酒师像天鹅，湖面上看起来非常优雅，但双脚却在水中不停地拨动，非常忙碌。其实调酒师有不少顾客看不到的工作，吧台大大小小的工作都要负责，包括抹杯、检查酒类及饮品，以至饮管、纸巾等存量是否足够，酒柜及吧台是否洁净等。较高级的调酒师还要参与管理、排班、订货等工作。

具体工作任务

- 了解开吧前的准备工作；
- 工作期间的服务要求及注意事项；
- 关吧后的清理工作。

活动一 开吧前的准备工作

调酒师每天在实际调酒之前，必须有足够的时间去完成准备工作，以保证所有必需用品齐全和所有设备正常工作。

信息页 开吧前的准备工作

一、姿态准备

对于调酒师来说，良好的站姿和步态是上岗前必须培训和掌握的内容。

二、仪表准备

调酒师每天频繁而密切地接触客人，其仪表不仅反映了个人的精神面貌，而且代表了酒吧的形象。因此，调酒师每日工作前必须对自己的形象进行整理。

三、个人卫生准备

调酒师的个人卫生是顾客健康的保障，也是顾客对酒吧信赖程度的标尺。健康的身体、良好的个人卫生习惯，是对调酒师的基本要求。

四、酒吧卫生及设备检查

酒吧工作人员进入酒吧，首先要检查酒吧间的照明、空调系统工作是否正常，室内温度是否符合标准，空气中有无不良气味。地面要打扫干净，墙壁、窗户、桌椅要擦拭干净。接着应对前吧、后吧进行检查。吧台要擦亮，所有镜子、玻璃应光洁无尘，每天营业前应用湿毛巾擦拭一遍酒瓶，并检查酒杯是否洁净无垢、无损，操作台上的酒瓶、酒杯及各种工具、用品是否齐全到位，冷藏设备工作是否正常。如使用饮料配出器，则应检查其压力是否符合标准，否则应作适当校正。最后，应在水池内注满清水，在洗涤槽中准备好洗杯刷，调配好消毒液，在储冰槽中加足新鲜冰块。

五、原料准备

检查各种酒类饮料是否达到标准库存量，如有不足，应立即开出领料单去仓库或酒类储藏室领取；检查并补足吧台的原料用酒，冷藏柜中的啤酒、白葡萄酒以及储藏柜中的各种酒类、纸巾、毛巾等物品；准备各种饮料、配料和装饰物，如准备好樱桃和橄榄，切开柑橘、柠檬和青柠，整理好薄荷叶，削好柠檬皮，准备好各种果汁、调料等；按照操作规范，有些鸡尾酒的配料可以预先调制，如酸甜柠檬汁等。

六、收款前准备

在酒吧营业之前，酒吧出纳员须领取足够的找零备用金，认真点数并换成合适面值的零钱。如果使用收银机，那么每个班次必须清点收银机中的钱款，核对收银机记录纸卷上的金额，做到交接清楚。为了防止作弊，有的饭店往往规定每张发票的面值，如果发现丢失发票，收银员须照价赔偿。因此，应检查发票流水号是否连贯无误。

任务单　拟定开吧前的准备工作

以学习小组为单位，设计一份开吧前准备工作的计划书，分工协作完成。

活动二　今天由你来服务

在完成上述准备工作后，调酒师便可以正式迎接客人了。

信息页　酒吧服务工作

在整个酒吧服务过程中必须做到以下8点。

(1) 配料、调酒、倒酒应当在宾客面前进行，目的是让宾客欣赏服务技艺，同时也可使宾客放心。调酒师使用的原料用量要正确无误，操作符合卫生要求。

(2) 调好的饮料端送给宾客后，应立即离开，除非宾客直接询问，否则不宜随便插话。

(3) 认真对待并礼貌处理宾客对饮料服务的意见或投诉。酒吧与其他任何服务场所一样，要永远尊重宾客，如果宾客对某种饮料不满意，应立即设法补救。

(4) 任何时候都不准对宾客有不耐烦的语言、表情或动作，不要催促宾客点酒、饮酒。不能让宾客感到服务人员在取笑他喝得太多或太少。如果宾客已经喝醉，应用礼貌的方式拒绝供应含酒精饮料。有时候，宾客因身上带钱不够而喝得较少，调酒师仍应热情接待，不可冷落宾客。

(5) 如果在上班时必须接电话，谈话应当轻声、简短。当有电话寻找宾客时，即使宾客在场也不可告诉对方(特殊情况例外)，而应该回答“请等一下”，然后让宾客自己决定是否接听电话。

(6) 除了掌握饮料的标准配方和调制方法外，还应注意宾客的习惯和爱好，如有特殊要求，应按照宾客的意见调制。

(7) 酒吧一般都免费供应一些佐酒小点，如炸薯片、花生米等，目的无非是刺激饮酒情趣，增加饮料销售量。因此，工作人员应随时注意佐酒小点的消耗情况，及时补充。

(8) 酒吧工作人员对宾客的态度应该友好、热情，不能随便应付。上班时间不准抽烟、喝酒，即使有宾客邀请喝酒，也应婉言谢绝。工作人员不可擅自对某些宾客给予额外照顾，当然也不能擅自为本店同事或同行免费提供饮料。同时，更不能克扣宾客的饮料。

任务单　如何为客人服务

作为酒吧的调酒师，你该如何为客人提供服务？

任务内容	需要说明的问题
1. 调制饮料的原则	
2. 吧台服务过程中的注意事项	

活动三 关吧后的整理工作

信息页 酒吧清洁工作

服务结束后的工作是打扫酒吧卫生和清理用具。将客人用过的杯具清洗后按要求储存。桌椅和工作台表面要清理干净。搅拌器、果汁机、咖啡壶、咖啡炉和牛奶容器等应清洗干净并擦亮。水壶和冰桶洗净后口朝下放好。容易腐烂变质的食品、饮料及鲜花应储藏在冰箱中。电和煤气的开关应关好。剩余的牙签和一次性餐巾，以及碟、盘和其他餐具等物品应储藏好。为了安全起见，酒吧储藏室、冷柜、冰箱及后吧柜等都应上锁。酒吧中比较繁重的清扫工作(包括地板的打扫，墙壁、窗户的清扫和垃圾的清理)应在营业结束后至下次营业前安排专门人员负责。

任务单　酒吧清洁工作

作为酒吧工作人员，请列出酒吧清洁工作的具体内容。

任务内容	需要说明的问题
1. 打扫酒吧卫生	
2. 清理用具	

试一试

实训项目

实训名称：酒吧服务模拟训练。

实训目的：教师通过指导学生分角色模拟酒吧调酒师的接待服务过程，让学生按酒吧工作的内容要求接待客人，通过切身体会加强学生的服务意识，同时加深学生对酒吧服务工作的认识。

实训内容：

(1) 开吧前的准备工作；

(2) 饮料的调制；

(3) 服务过程；

(4) 酒吧清洁工作。

实训准备：

(1) 人员角色的分派；

(2) 场地、道具的准备；

(3) 情境设置。

实训步骤：

(1) 模拟调酒师开吧前的准备工作；

(2) 模拟调酒师调制饮料为客人服务；

(3) 模拟调酒师酒吧清洁工作。

实训总结：教师和学生分别对这次实训进行总结，互相交流，共同探讨从中获得的经验教训，以强化大家对酒吧服务工作内容的认识。

温馨提示 **掌握调酒技巧**

正确使用设备和用具，熟练掌握操作程序，不仅可以延长设备的使用时间、用具寿命，也是提高服务效率的保证。此外，调酒时的动作、姿势等也会影响酒水的质量和口味。同时，调酒后酒具的清洗、消毒方法也是调酒师必须掌握的。

任务评价

评价项目	具体要求	评价			
					建议
调酒师的一天	1. 开吧前的准备工作				
	2. 今天由你来服务				
	3. 关吧后的清理工作				
学生自我评价	1. 准时并有所准备地参加团队工作				
	2. 乐于助人并主动帮助其他成员				
	3. 遵守团队的协议				
	4. 全力以赴参与工作并发挥了积极作用				
小组活动评价	1. 团队合作良好，都能礼貌待人				
	2. 工作中彼此信任，互相帮助				
	3. 对团队工作都有所贡献				
	4. 对团队的工作成果满意				
总计		个	个	个	总评
在调酒师的一天中，我的收获是：					

(续表)

评价项目	具体要求	评价			
		😀	😐	😞	建议
在调酒师的一天中，我的不足是：					
改进方法和措施有：					

任务三 调酒师在服务中的创新

工作情境

调制一款鸡尾酒就好比演奏一首乐曲，各种材料的组合犹如曲中的音符，有它们特殊的位置和职能，只有遵循这个规律，才能产生和谐与共鸣，达到理想的效果。随着调酒师技术水平的不断完善和提高，鸡尾酒的创新又是调酒师们面临的一个新课题，应该从哪些方面不断完善、提高、创新呢？

具体工作任务

- 酒单设计；
- 酒单分类；
- 酒单规格和要求；
- 鸡尾酒创新的外在条件和遵循的原则；
- 调制一款适合自己的鸡尾酒。

活动一 酒单设计

酒单不仅是酒吧与客人间沟通的工具，还具有宣传广告的效果。满意的客人不仅是酒吧的服务对象，也会成为酒吧的义务推销员。有的酒吧在其酒单扉页上除印制精美色彩及图案外，还配以词语优美的小诗或特殊的祝福语，使酒单具有文化气息，同时，加深了酒吧的经营立意，拉近了与客人的心灵距离。

信息页一 酒单分类

好的酒单设计要给人秀外慧中的感觉，酒单形式、颜色等都要和酒吧水准、氛围相适应，因此，酒单的形式应不拘一格、独具特色。酒单形式可采用桌单、手单及悬挂式酒单3种。从样式看，可采用长方形、圆形、心形、椭圆形等。

一、桌单(如图4-3-1所示)

桌单是将印有画面、照片等的酒单折成三角或立体形，立于桌面，每桌固定一份，客人一坐下便可自由阅览。这种酒单多用于以娱乐为主及吧台小、酒品少的酒吧，简明扼要，立意突出。

二、手单(如图4-3-2所示)

手单最常见，常用于经营品种多、大吧台的酒吧，客人入座后再递上印制精美的酒单。手单中，活页式酒单也是较多采用的，且便于更换。如果需要调整品种、更改价格、撤换活页等，用活页酒单就方便多了，也可将季节性品种采用活页，定活结合，给人以方便灵活的感觉。

图4-3-1

图4-3-2

三、悬挂式酒单(如图4-3-3所示)

悬挂式酒单，一般在门庭处吊挂或张贴，配以醒目的彩色线条、花边，具有美化及广告宣传的双重效果。

图4-3-3

信息页二 酒单制作内容

酒单内容主要由名称、数量、价格及描述4部分组成。

一、名称

名称必须通俗易懂，冷僻、怪异的字尽量不要使用。可按饮品的原材料、配料、饮品、调制出来的形态等命名，也可按饮品的口感冠以形象的名称，还可针对客人搜奇猎异的心理，抓住饮品特色加以夸张等。

二、数量

数量上应向客人明确说明，是1oz，还是一杯或多大的容量。客人对不明确信息的品种总会抱着怀疑及拒绝的心理，不如大大方方地告诉客人，让客人在消费中比较，并提出意见和建议。

三、价格

如果客人不知道价格，便会无从选择，正如餐厅中标注“时价”的菜品，很少被点用一样。所以，在酒单中，各类品种必须明码标价，让客人心中有数、自由选择。

四、描述

对于新推出或引进的饮品应作明确描述，让客人了解其配料、口味、做法及饮用方法。特色饮品可配彩照，以增加真实感。

信息页三　酒单制作依据

一、目标客人的需求及消费

任何企业，不论其规模、类型和等级，都不可能具备同时满足所有消费者需求的能力和条件，企业必须选择一群或数群具有相似消费特点的客人作为目标市场，以便更好、更有效地满足这些特定客群的需求，并达到有效吸引客群、提高赢利能力的效果，酒吧也一样。如：有的酒吧以吸引高消费客人为主；有的酒吧以接待工薪阶层、大众消费为主。有的酒吧以娱乐为主，吸引寻求发泄、刺激的客人；有的酒吧以休息为主；有的酒吧办成俱乐部形式，明确了其目标客人。度假式酒吧的目标客人是度假旅游者；车站、码头、机场酒吧的目标客人是过往客人；市中心酒吧的目标客人为本市及当地的企业和个人。不同客群的消费特征是不同的，这便是制定酒单的基本依据。

二、原料供应情况

凡列入酒单的饮品、水果拼盘、佐酒小吃等，酒吧必须保证供应，这是一条相当重要但极易被忽视的餐饮经营原则。某些酒吧酒单上虽然丰富多彩、包罗万象，但在客人需要时却常常得到无货的回答，导致客人的失望和不满，以及对酒吧经营管理和可信度的怀疑，直接影响酒吧的信誉度。这通常是原料供应不足所致，所以在设计酒单时就必须充分掌握各种原料的供应情况。

三、调酒师技术水平及酒吧设施

调酒师的技术水平及酒吧设施在相当程度上也限制了酒单的种类和规格，不考虑这些因素而盲目设计酒单，即使再好也无异于空中楼阁。如果酒吧没有适当的厨房空调设施，强行在酒单上列出油炸类食品，当客人需要而现场制作时，会使酒吧油烟弥漫而影响客人消费及服务工作的正常进行；如果调酒师在水果拼盘方面技术较差，而在酒单上列出大量时髦造型的水果拼盘，只会在客人面前暴露酒吧的缺点并引起客人的不满。

四、季节性考虑

酒单制作也应考虑不同季节，客人对饮品的不同要求，如冬季客人大都消费热饮，则酒单品种应作相应调整，大量供应如热咖啡、热奶、热茶等品种，甚至为客人温酒；夏季则应以冷饮为主，供应冰咖啡、冰奶、冰茶、冰果汁等，这样才能符合客人的消费需求，使酒吧有效地销售其产品。

五、成本与价格考虑

饮品作为一种商品是为销售而配制的，所以应考虑该饮品的成本与价格。成本与价格太高，客人不易接受，该饮品就缺乏市场；如压低价格，影响毛利，又可能亏损。因此，在制定酒单时，必须考虑成本与价格因素。从成本的角度来说，虽然在销售时已确定了标准的成本率，但并不是每一种饮品都符合标准成本率的。在制定酒单时，既要注意一种饮品中高低成本的成分搭配，也要注意一张酒单中高低成本饮品的搭配，以便制定有利于竞争的推销价格，并保证在整体上达到目标毛利率。

六、销售记录及销售史

酒单的制作不能一成不变，应随客人的消费需求及酒吧销售情况的变化而改变，即动态地制作酒单。如果目标客人对混合饮料的消费量大，就应扩大此类饮料的种类；如果对咖啡的消费量大，就可以将单一的咖啡品种扩大为咖啡系列；同时，对于那些客人很少点或根本不点，而又对储存条件要求较高的品种应从酒单上删除。

信息页四　酒单的作用

酒单是酒吧为客人提供酒水产品和酒水价格的一览表。酒单在酒吧经营中起着极其重要的作用，它是酒吧一切业务活动的总纲，是酒吧经营计划的执行中心，是酒吧经营计划的具体实施。

一、酒单是酒吧经营计划的执行中心

任何酒吧，不论其类型、规模、档次如何，一般都有酒单设计、原料采购、原料验收、原料储藏、原料领发、服务、结账收款等业务环节。酒吧营业循环的起点是酒单设计，而不是原料采购或其他环节。因为，酒单不仅规定了采购内容，而且支配着酒吧服务的其他业务环节，影响着整个服务系统，是酒吧经营计划的执行中心。

酒单设计是计划组织酒吧服务的首要环节，必须走在其他计划组织工作之前。

1. 酒单支配着酒吧原料采购及储存工作

首先，从品种方面来看，酒单上所列品种及其所需配料，直接是原料采购的对象；从数量方面看，酒单中价格较低、易于推销和销售的项目，便是需大量采购的项目，反之则是仅需小批量采购的品种。同时，酒单也决定了原料采购的方法及地点。另外，不同品种的饮品有着相应的储存要求，如啤酒及葡萄酒的储存温度相对于烈性酒来说要低。酒单中啤酒、葡萄酒与烈性酒所占比例的不同决定了其储存工作的不同。

2. 酒单决定酒吧厨房设备、用品规格及数量的购置

有无食品供应，决定了是否需要厨房设备；不同饮品，也同样有其所需用具及载杯的要求。

3. 酒单决定调酒师及服务人员的选用及培训方向

酒单的内容和形式同时也标志着餐饮服务的规格水平和风格特色，当然，它还必须通过调酒师和服务人员的调制及服务来体现。酒吧在配备调酒师和服务人员时，应根据饮品及其所要求服务的情况，招聘具有相应水平的人员，并进行方向性培训，以使其工作与酒吧的总体经营设计相协调。

4. 酒单反映了企业经营计划的目标利润

酒单根据市场竞争状况及客人的承受能力列出了各式饮品及其价格，不同饮品的利润率也有所不同，即不同成本率及利润率的饮品在酒单中应有一定比例。这一比例分布及酒单饮品价格的制定是否合理，直接影响酒吧的赢利能力。所以，确定各饮品的成本及酒单中不同饮品的品种和数量比例，是酒吧成本控制的重要环节。也就是说，酒吧的成本控制是从酒单开始的。

5. 酒单决定酒吧的情调设计

从经营角度讲，酒吧装饰的目的是要形成酒吧产品的理想销售环境。因此，装饰的主题立意、风格情调及装饰物的陈设、灯光色彩等，都应根据酒单内容及其特点来精心设计，以使其装饰环境体现酒吧风格，并达到烘托其产品特色的效果。

二、酒单标志着酒吧经营的特色和水准

酒吧的经营管理即从原料采购、储存配制到饮品服务，都是以酒单为基础进行的，一份合适的酒单是根据酒吧的经营方针，经过认真分析目标客人及市场需求制定出来的。所以，酒单有各自的特色，酒单上饮品的品种、价格和质量体现着酒吧产品的特色和水准。有的酒单上还对某些饮品进行了原料及配制方法的简单描述，甚至附加了图片。可以说，酒单一旦制成，该酒吧的经营方针及其特色和水准也就确定了。

三、酒单是沟通消费者与经营者之间关系的桥梁

经营者通过酒单向宾客展示所消费产品的种类、价格，消费者根据酒单选购所需饮料的品种。因此，酒单是沟通卖方和买方关系的渠道，是连接酒吧和宾客的纽带。消费者和经营者通过酒单开始交谈，消费者会将其喜好、意见和建议表现出来，而通过酒单向客人推荐饮品则是接待者的服务内容之一。这种“推荐”和“接受”的过程，使买卖双方得以成立。同时，酒单又是饮品研究的资料，酒单可以揭示酒吧客人的喜好。饮品研究人员可根据客人的消费情况，了解客人的口味、爱好，以及客人对酒吧饮品的欢迎程度等，从而

不断改进饮品和服务质量，使酒吧获得更多利润。

四、酒单是酒吧的广告宣传品

酒单无疑是酒吧的主要广告宣传品，一份装潢精美的酒单，能够反映酒吧的格调，使客人对酒吧提供的饮品、食品及水果拼盘留下深刻印象，并将之作为一种艺术品来欣赏，同时也可提高酒吧的消费氛围。

信息页五　酒单的要求

一、规格和字体

酒单封面与里层图案均要精美，必须适合酒吧的经营风格，封面通常印有酒吧的名称和标志。酒单尺寸的大小要与酒吧销售饮料品种数量相对应。 酒单上各类品种一般以中英文对照书写，以阿拉伯数字排列编号和标明价格。字体印刷端正，使客人在酒吧光线下容易辨识。重点品种的标题字体应与其他字体有所区别，应该既美观又突出，如图4-3-4所示。

图4-3-4

二、用纸选择

一般来说，酒单的印制要从耐久性和美观性两方面来考虑，多考虑使用重磅的铜版纸或特种纸。纸张要求厚并且具有防水、防污的特点。纸张的颜色有纯白、柔和素淡、浓艳重彩之分，通过不同色纸的使用，为酒单增添不同的色彩。此外，纸张可以用不同的方法折叠成不同形状，除了可切割成最常见的正方形或长方形之外，还可以特别设计成各种特殊形状，让酒单设计更富有趣味性和艺术性，如图4-3-5所示。

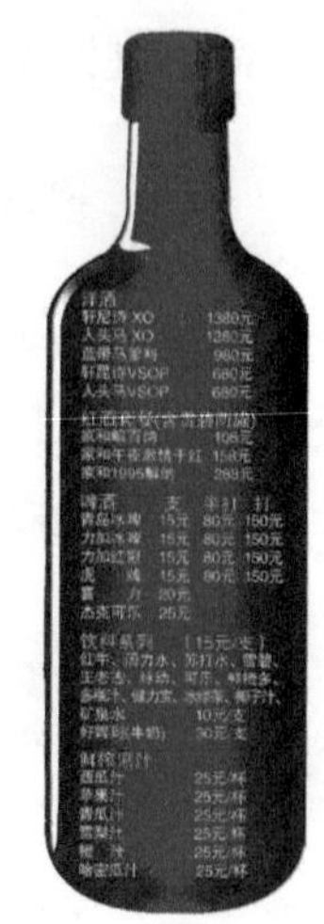

图4-3-5

三、色彩设计

需根据成本和经营者所希望产生的效果来决定用色的多少。颜色种类越多，印刷成本越高，单色菜单成本最低。不宜用过多的颜色，通常用四色就能得到色谱中所有的颜色。酒单设计中如使用双色，最简便的办法是将类别标题印成彩色，如红色、蓝色、棕色、绿色或金色等，具体商品名称印刷成黑色。

任务单　认识酒单

一、填写酒单分类。

种类	特点
桌单	
手单	
悬挂单	

二、填写酒单内容。

内容	
桌名称	
数量	
价格及描述单	

三、以组为单位制作桌单、手单和悬挂单。

活动二　鸡尾酒的创制

经过近两个世纪的演变，如今，鸡尾酒不仅渗透世界的每一个角落，而且其基本内涵也得到了饮用者的共识：“鸡尾酒是由多种烈酒、果汁、奶油等混合而成的，含有较多或较少酒精成分，具有滋补、提神的功效，并能使人感到清爽愉快的浪漫饮品。”

信息页一　鸡尾酒的创制原则

鸡尾酒是一种自娱性很强的混合饮料，它不同于其他任何一种酒类的生产，可以由调制者根据自己的喜好和口味特征来尽情地想象、发挥。如果要使鸡尾酒成为商品，在饭店、酒吧中进行销售，就必须符合一定的规则，必须适应市场的需要，满足消费者的需求。因此，鸡尾酒的调制必须遵循一些基本原则。

一、新颖性

任何一款新创鸡尾酒首先必须突出一个“新”字，即在众多流行的鸡尾酒中没有记载。此外，创制的鸡尾酒无论在表现手法、色彩、口味，以及酒品所表达的意境等方面都应给人耳目一新的感觉，给品尝者以新意。

鸡尾酒的新颖，关键在于其构思的奇巧。构思是人们根据需要而形成的设计导向，这是鸡尾酒设计制作的思想内涵和灵魂。鸡尾酒的新颖性原则，就是要求创作者能充分运用各种调酒材料和艺术手段，通过挖掘和思考，来体现鸡尾酒新颖的构思，创制出色、香、味、形俱佳的新酒品。

鸡尾酒集多种艺术特征于一体，形成自己的艺术特色，从而给消费者以视觉、味觉和触觉等多重艺术享受。因此，在创制鸡尾酒时，调酒师要将这些因素综合起来进行思考，以确保鸡尾酒的新颖和独特。

二、易于推广

任何一款鸡尾酒的设计都有一定的目的性，要么是设计者自娱自乐，要么是在某一特定场合，为渲染或烘托气氛进行即兴创制，但更多的还是一些专业调酒师，为了饭店、酒吧经营的需要而进行的专门创制。创制的目的不同，决定了创制者的设计手法也不完全一样，作为经营所需而设计创作的鸡尾酒，在构思时必须遵循易于推广的原则，即将它当作商品来进行创制。

(1) 鸡尾酒的创制不同于其他商品，它是一种饮品，首先必须满足消费者的口味需要，因此，创制者必须充分了解消费者的需求，使自己创作的酒品能适应市场的需要，易于被消费者接受。

(2) 既然创制的鸡尾酒是一种商品，就必须考虑其赢利性质，考虑其创制成本。鸡尾酒的成本由调制的主料、辅料、装饰品等直接成本和其他间接成本构成。成本的高低尤其是直接成本的高低，将直接影响酒品的销售价格。价格过高，消费者难以接受，会严重影响酒品的推广。因此，在进行鸡尾酒创制时，应当选择一些口味较好，价格又不是很昂贵的酒品作为基酒进行调配。

(3) 配方简洁是鸡尾酒易于推广和流行的又一因素。从以往的鸡尾酒配方来看，绝大多数配方都很简洁，易于调制，即使之前比较复杂的配方，随着时代的发展、人们需求的变化，也变得越来越简洁。如“新加坡司令”，当初发明的时候，调配材料有十多种，但由于其复杂的配方很难记忆，制作也比较麻烦，在推广过程中被人们逐步简化，变成了现在的配方。因此，在设计和创制新鸡尾酒时，必须使配方简洁，一般每款鸡尾酒的主要调配材料，控制在5种或5种以内，这既利于调配，又利于流行和推广。

(4) 遵循基本调制法则，并有所创新。任何一款新创制的鸡尾酒，要能易于推广，易于流行，还必须易于调制，在调制方法的选择上也不外乎摇和、搅和、兑和等。当然，创新鸡尾酒在调制方法上也是可以创新的，如将摇和法与兑和法结合调制酒品等。

三、色彩鲜艳独特

色彩是表现鸡尾酒魅力的重要因素之一，任何一款鸡尾酒都可以通过赏心悦目的色彩来吸引消费者，增加鸡尾酒自身的鉴赏价值。因此，在创制鸡尾酒时，应特别注意酒品颜色的选用。

鸡尾酒中常用的色彩有红、蓝、绿、黄、褐等，在以往的鸡尾酒中，出现最多的是红、蓝、绿以及少量黄色，而在鸡尾酒创制中，这几种颜色也是用得最多的，使得许多酒品在视觉效果上难有新意，缺少独创性。因此，创制时应考虑色彩的与众不同，以增加酒品的视觉效果。

四、口味卓绝

口味是评判一款鸡尾酒好坏以及能否流行的重要标志，因此，鸡尾酒的创制必须将口味作为一个重要因素加以认真考虑。

口味卓绝原则要求新创作的鸡尾酒在口味上，首先必须将诸味调和，酸、甜、苦、辣味必须相协调，过酸、过甜或过苦，都会掩盖饮酒者味蕾对味道的品尝能力，从而降低酒的品质。其次，新创鸡尾酒在口味上还需满足消费者的口味需求，虽然不同地区的消费者在口味上会有所不同，但作为流行性和国际性很强的鸡尾酒，在设计时必须考虑其广泛性要求，在满足绝大多数消费者共同需求的同时，再适当兼顾本地区消费者的口味需求。

此外，在口味方面还应注意突出基酒的口味，避免辅料喧宾夺主。基酒是任何一款酒品的根本和核心，无论采用何种辅料，最终形成何种口味特征，都不能掩盖基酒的味道，造成主次颠倒。

信息页二　鸡尾酒的创制要素

鸡尾酒的创制要素包括以下4个方面。

一、鸡尾酒创制的目的

通常，在人们设计鸡尾酒时，一般都包含两个目的：一个是自我感情的宣泄；另一个是刺激消费。对待自我感情的宣泄，只要不违背鸡尾酒的调制规律，能借助各种酒在混合过程中产生前所未有的精神力量，在调好的创新鸡尾酒中，看到自我的存在，得到快感的诱发和移情，就算达到了目的。而刺激消费，是要把这款新设计的鸡尾酒首先看成商品，那就要求设计者更好地认识与把握消费者的心理需求，进而发现人们潜在的需求因素，从而有效地达到促销的目的。

二、鸡尾酒的创意

创意，是人们根据需要而形成的设计理念。理念，是一款新型鸡尾酒设计的思想内涵和灵魂。能否创制出具有非凡艺术感染力的作品，绝好的鸡尾酒创意是关键。在鸡尾酒创制过程中，创意一定要新颖，思路一定要清晰，要善于思考和挖掘，善于想象，不断形成新的理念。

三、鸡尾酒创制的个性与特点

鸡尾酒创制要突出个性和特点。一杯好鸡尾酒的特点，是由多方面相互联系、相互作用的个性成分所组成的。由于每个人的个性具有无限的丰富性和巨大的差异性，因此在设计新款鸡尾酒时，所面对的材料都是有限的，即不管酒的种类再繁多，载杯再不断翻新，装饰物再层出不穷、取之不尽，终究是有极限的。而一旦将其通过人的设计，在调制过程中分类组合，设计出款式不同的鸡尾酒，便成为无限的了。所以，在设计新款鸡尾酒时，尽管是设计者对客观审美意识的反映，除表现对客观事物显示的同一属性外，还要表现出其主观个性。只有设计者对表现对象的个性适应，才能产生有特色的新颖设计和作品，为鸡尾酒世界增添异彩。然而个性也应适应，并在不断适应中有所升华或削弱。为此，从设计者的个性考虑，首先应充分发挥其主观能动性，展现其个性所形成的风格，促其标新立异；但又不排除在不断加深对客观事物认识的过程中，因个性适应而形成的异化，这又能使之开拓新的设计天地。

四、创制的联想

联想，是内在凝聚力的爆破、情感的释放，是激发感染力的动力。鸡尾酒之所以能超出酒的自然属性，以其艺术魅力来扩大消费者范围，很重要的原因就在于鸡尾酒的联想效果。一款鸡尾酒的设计，要通过色彩、形体、嗅觉、口感为媒介，来表现深藏在设计者内心的各种情感，如果失去联想力，也就丧失了鸡尾酒的价值，又恢复到它的原始属性。饮一杯“彩虹鸡尾酒”，便会联想到色彩绚丽的舞衣，舞台上旋转的舞步。如果不去考虑创造的联想，又有谁会不厌其烦地将各种色彩不同的酒，按比重不同一层又一层地兑入小小的酒杯之中呢？美之所以使人的全部价值得到升华，就是因为人们可以在联想中让情感得以任意释放。如果鸡尾酒的设计排除联想的可能性、必然性，也就失去了美的诱惑力。在设计鸡尾酒时，安排一切契机去增强创造的联想效果，是绝对不容忽视的。一个美好的幻想、一个美丽的梦，都可以成为创新鸡尾酒的创意。

知识链接

酒吧英语知识

在酒吧服务中，必要的英语知识很重要。首先要认识酒标。目前酒吧出售的酒很多都是国外生产的酒，商标一般用英文标示。调酒师必须能够看懂酒标，选酒时才不会出差错，而且所有物理性质都一样的酒如果产地不同，口感也会大相径庭。同时，调酒师经常会遇到客人爆满的情况，此时如果对英文酒标不熟悉，还要慢慢地找，会让客人等得着急。再者，酒吧里经常会有许多外国客人。

(1) 点酒的时候，直接说出酒名就可以，比如“Tequila sunrise，please”(通常1oz烈酒)，或者也可以说“Two ounces tequila sunrise，please”(此时调酒师会用2oz烈酒，也可以说“Double tequila sunrise，please”，是同样的意思，double指的是用2oz烈酒)，一般有冰块。

(2) 通常酒吧里Martini都是用2oz的酒跟其他酒混合调成的，所以点Martini时，不用说2oz。用的杯子是Martini Glass(锥形高脚杯)。Martini根据不同调法，有不同的叫法。如果到酒吧只说“One Martini，please”，服务员一般都会问“Gin or Vodka”，所以也可以具体地说“Gin Martini，please”或“Vodka Martini，please”。

(3) Shooter：纯的不含饮料和冰块的酒(用小酒杯的“shot”)。

(4) 点酒时常用到的说法：

“Two ounces scotch on the rocks，please.”(一杯2oz加冰的苏格兰酒)

“Scotch over，please.”(一杯加冰的苏格兰酒)

“Scotch straight up.”或“Scotch up.”(一杯不加冰的苏格兰酒)

任务单　鸡尾酒创制

根据你的想象去创制一款属于自己的鸡尾酒。

任务内容	需要说明的问题
1. 酒品名称和创制意图	
2. 调制方法	
3. 调制所需要的工具	
4. 调制所需要的酒品	
5. 配方及用量	
6. 调制注意事项	

任务评价

评价项目	具体要求	评价			
		😀	😐	☹	建议
调酒师在服务中的创新	1. 桌单设计				
	2. 手单设计				
	3. 悬挂单设计				
	4. 鸡尾酒创制				
学生自我评价	1. 准时并有所准备地参加团队工作				
	2. 乐于助人并主动帮助其他成员				
	3. 遵守团队的协议				
	4. 全力以赴参与工作并发挥了积极作用				
小组活动评价	1. 团队合作良好，都能礼貌待人				
	2. 工作中彼此信任，互相帮助				
	3. 对团队工作都有所贡献				
	4. 对团队的工作成果满意				
总计		个	个	个	总评

（续表）

评价项目	具体要求	评价			
		😀	😐	😞	建议
在服务创新中，我的收获是：					
在服务创新中，我的不足是：					
改进方法和措施有：					

参考文献

[1] 王晶. 酒吧从业指南[M]. 北京：中国轻工业出版社，2005.
[2] 陈映群. 调酒艺术技能实训[M]. 北京：机械工业出版社，2007.
[3] 杨真. (初级 中级 高级)调酒师[M]. 北京：中国劳动社会保障出版社，2001.
[4] 郭光玲. 调酒师手册[M]. 北京：中国宇航出版社，2007.
[5] 邓泽民. 调酒师与服务[M]. 北京：中国铁道出版社，2009.
[6] 刘雨沧. 调酒技术[M]. 北京：高等教育出版社，2004.
[7] 李祥睿. 饮品与调酒师[M]. 北京：中国纺织出版社，2008.

《中等职业学校酒店服务与管理类规划教材》

西餐与服务（第 2 版）

汪珊珊 主编 刘畅 副主编

ISBN：978-7-302-51974-4

中华茶艺（第 2 版）

郑春英 主编

ISBN：978-7-302-51730-6

会议服务（第 2 版）

高永荣 主编

ISBN：978-7-302-51973-7

咖啡服务（第 2 版）

荣晓坤 主编 林静 李亚男 副主编

ISBN：978-7-302-51972-0

调酒技艺（第 2 版）

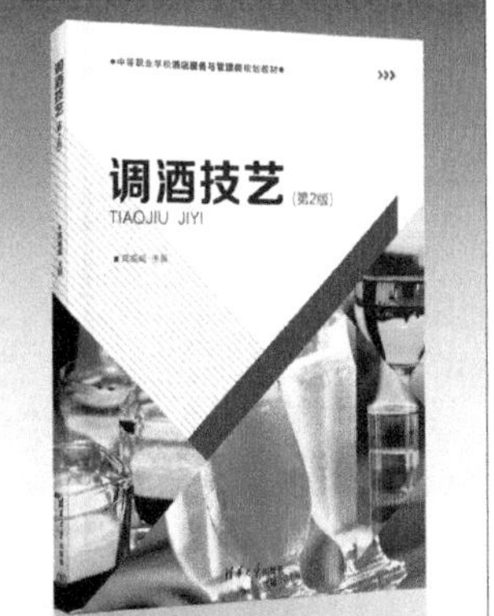

龚威威 主编

ISBN：978-7-302-52469-4

酒店服务礼仪（第2版）

王冬琨 主编　郝瓅 张玮 副主编

ISBN：978-7-302-53219-4

中餐服务（第2版）

王利荣 主编　刘秋月 汪珊珊 副主编

ISBN：978-7-302-53376-4

前厅服务与管理（第2版）

姚蕾 主编

ISBN：978-7-302-52930-9

客房服务（第2版）

赵历 主编

ISBN：978-7-302-54147-9

葡萄酒侍服

姜楠 主编

ISBN：978-7-302-26055-4

酒店花卉技艺

王秀娇 主编

ISBN：978-7-302-26345-6

雪茄服务

荣晓坤 汪珊珊 主编

ISBN：978-7-302-26958-8

康乐与服务

徐少阳 主编　李宜 副主编

ISBN：978-7-302-25731-8